PANZERFAHRZEUGE DER ÖSTERREICHISCHEN ARMEE seit 1904

Franz Felberbauer

Motor buch Verlag

Einbandgestaltung: Sven Rauert

Bildnachweis: Die zur Illustration dieses Buches verwendeten Aufnahmen stammen – wenn nicht anderes vermerkt ist – vom Verfasser.

ISBN: 978-3-613-04763-1

1. Auflage 2025

Sie finden uns im Internet unter www.motorbuch-verlag.de

Lektorat: Bernd Keidel
Innengestaltung: WS – WerbeService Linke, 76185 Karlsruhe
Druck und Bindung: DZS GRAFIK d.o.o., 1210 Ljubljana
Printed in Slovenia

Vorwort

Die historische und technische Entwicklung der Panzerwaffe in Österreich ist in vielerlei Hinsicht bemerkenswert. Frühe Initiativen und große Innovationen standen stark wechselnden politischen Verhältnissen gegenüber. Diese bremsten oder unterbrachen mehrmals einen kontinuierlichen und souveränen Aufbau dieser Waffengattung in Österreich.
Vier unterschiedliche Staatsformen – ein absolutistischer und multiethnischer Großstaat, eine erste kleine aber schwankende Republik, die Zeit des Anschlusses an das nationalsozialistische Deutschland sowie der Wiederbeginn in einer zweiten demokratischen Republik – bedingten stark variierende Armeegliederungen und militärische Aufgabenstellungen. Diese tiefgreifenden politischen Wechsel waren von massiven wirtschaftlichen Turbulenzen begleitet. Zusätzlich beeinflussten mehrere kriegerische Auseinandersetzungen – der Erste und Zweite Weltkrieg sowie die Situation eines neutralen Staates im Kalten Krieg – Fortschritt eine Entwicklung, die sich wie folgt gliedern lässt:

- Die Zeit der Österreich-Ungarischen Doppel-Monarchie, einer europäischen Großmacht mit über 50 Millionen Einwohnern, die bis 1918 Bestand hatte; Österreich-Ungarn war der Fläche nach der zweitgrößte Staat Europas, nach der Bevölkerung der drittgrößte. Trotz schwacher politischer und wirtschaftlicher Struktur war er ein wirtschaftlich sehr prosperierendes Gebilde.
- Die kurze Periode der Ersten Republik (1918 bis 1938), in der das erste österreichische Bundesheer zuerst die schweren Einschränkungen des Friedensvertrages von Saint-Germain abschütteln musste, um den Versuch zu unternehmen, mit Zukäufen eine Panzertruppe aufzustellen und mit österreichischen Firmen eine eigene Panzerfabrikation aufzubauen.
- Die Jahre zwischen 1938 und 1945, als Österreichs Industrie Teil der großdeutschen Rüstungsindustrie war und einen proportional erheblichen Anteil der deutschen Flugzeug-, Panzer-, Geschütz- und Fahrzeugproduktion lieferte. Während der zehn Jahre der Besetzung durch die Siegermächte bis 1955 blühten die westlichen Besatzungszonen wirtschaftlich auf, die von der Sowjetunion besetzten Gebiete fielen immer weiter zurück.
- Die Zeit nach 1955, als es gelang, durch einen Staatsvertrag den Abzug der alliierten Besatzungsmächte zu erreichen. Dieser enthielt schwerwiegende militärische Einschränkungen, zum Beispiel, dass Österreich keine Waffen aus Deutschland oder Japan beziehen, ja nicht einmal mit diesen Ländern Kontakt aufnehmen durfte. Es blieb damit nur die Möglichkeit, Ausrüstung von den Siegermächten des Zweiten Weltkrieges oder von Neutralen wie der Schweiz oder Schweden zu kaufen, oder eben die Waffen selbst zu bauen. Der Zerfall der Sowjetunion nach 1989 bedeutete auch die Auflösung dieser einschränkenden Bestimmungen des Staatsvertrages. Die Republik hat seither freie Hand in ihren Beschaffungen.

Diese Publikation stellt eine aktualisierte, erheblich erweiterte und detaillierte Ausgabe des im Jahr 2018 erschienenen »Typenkompass: Panzerfahrzeuge des Österreichischen Heeres seit 1904« dar. Zum besseren Verständnis der Chancen, aber auch der erheblichen Einschränkungen, die die österreichische Panzerwaffe in über 120 Jahren erfahren hat, wurde zusätzliches Augenmerk auf eine umfassende Erläuterung der staatspolitischen, wirtschaftlichen und militärischen Entwicklung an den Beginn jedes Kapitels gestellt.
Einerseits werden damit jene Beschränkungen, die sowohl in technischer Hinsicht wie im Beschaffungsumfang in Kauf genommen werden mussten, besser verständlich. Andererseits können die für einen Kleinstaat ab 1918 unumgänglichen internationalen Kooperationen in Entwicklungs- und Rüstungsprojekten besser verständlich gemacht werden.
Im Jahr 2025 steht das österreichische Bundesheer, nun Armee eines Mitgliedsstaates der Europäischen Union, am Beginn eines umfangreichen Modernisierungs- und Beschaffungsprojektes, des »Aufbauplanes 2032+«. Viele technische Entwicklungen und Typenentscheidungen sind in Bearbeitung oder werden erst in den kommenden Jahren stattfinden. An dieser Stelle möchte der Autor Herrn Oberst Dipl.-Ing. Alexander Corrieri für seine kritische Gegenlesung der Darstellung des aktuellen gepanzerten Fahrzeugparks danken.
Mein besonderer Dank gilt dem Motorbuch Verlag, hier besonders Herrn Joachim Kuch und Herrn Bernd Keidel für Programmleitung und Lektorat, sowie meiner Frau, Prof. Dr. Maria Felberbauer und meinem Sohn Oberst Mag. Ernst M Felberbauer, für die unermüdliche Unterstützung in der Erstellung des Werkes.

Der Autor

1.1 Vom Ausgleich (1867) bis zum Ende des Ersten Weltkriegs (1918)

Nach der Niederlage von Königgrätz 1866 und den gleichzeitigen Versuchen des preußischen Kanzlers Bismarck, einen Aufstand innerhalb Österreichs in den Ländern der Ungarischen Krone anzuzetteln, war Kaiser Franz Josef I. 1867 gezwungen, einen »Ausgleich« mit Ungarn vorzunehmen. Dadurch wurde ein Teil des Konfliktpotentials nach der ungarischen Niederlage im Revolutionskrieg von 1849 beseitigt. Einer der Nachteile des Ausgleichs war der Verlust nahezu aller gesamtstaatlichen Institutionen der Monarchie und die Dreiteilung der österreichischen Streitkräfte: In der nunmehrigen Doppelmonarchie Österreich-Ungarn gab es

- eine gemeinsame kaiserliche und königliche (k. u. k.) Armee und eine gemeinsame k. u. k. Kriegsmarine,
- eine österreichische kaiserlich-königliche (k. k.) Landwehr in den österreichischen Erbländern (»Cisleithaninien«) und
- eine ungarische Landwehr, die »Honved«, in den Ländern der ungarischen Krone, also östlich des Grenzflusses Leitha (»Transleithanien«).

Ein Ergebnis dieser Umorganisation war eine etwa 15%ige Erhöhung des Finanzbedarfes für die Administration dieser drei Heere, die aber keine entsprechende Verbesserung in der Wehrfähigkeit bewirkte. 1888 war die österreich-ungarische Monarchie, das zweitgrößte Land Europas, in der Wehrbereitschaft innerhalb der europäischen Mächte schon auf den vierten Platz zurückgefallen und konnte bis zum Ausbruch des Ersten Weltkrieges den Rüstungsvorsprung der anderen europäischen Großmächte nicht mehr aufholen. An Bevölkerung und Fläche durchaus mit Frankreich und England vergleichbar, lagen die Rüstungsausgaben nur in der Höhe jener Italiens. Nur jeder 15. Mann war an der Waffe ausgebildet. Von 45 Millionen Einwohnern waren nur 0,28 % zum Wehrdienst herangezogen worden, bei Italien waren es 0,31 % und in Frankreich sogar 0,66 %.

Bei der Artillerie war eine ganze Reihe neuer, sehr moderner Geschütze fertig entwickelt, deren Serienfertigung sich aus diversen Gründen verzögerte und erst 1916 anlaufen konnte. Die einzige Waffe, bei der Österreich-Ungarn führend war, bildete die schwerste Artillerie: die 30,5-cm-Skoda-Mörser und die 24-cm-Kanonen sowie 38-cm- und 42-cm-Haubitzen, wobei alle dank der Arbeit von Ferdinand Porsche die weltweit einzigen schweren Geschütze waren, welche durch benzin-elektrische Zugfahrzeuge voll im Gelände beweglich waren und in wenigen Stunden einsatzbereit gemacht werden konnten.

Kaiser Karl und Erzherzog Eugen auf dem Weg zur Front.

Von den 30,5-cm-M11-Mörsern nahmen auf Ersuchen des deutschen Generalstabs vier Batterien am deutschen Vormarsch gegen Belgien teil und zertrümmerten in überraschend kurzer Zeit die Geschützkuppeln der belgischen Festungen rund um Antwerpen.
Ein weiteres Problem war die Sprachvielfalt des Vielvölkerstaates. In der Armee kamen auf 100 Soldaten etwa 29 Deutsche, 18 Magyaren, 15 Tschechen, 9 Polen, 8 Ruthener (Ukrainer), 7 Serbokroaten, 5 Rumänen, 5 Slowaken, 3 Slowenen und 1 Italiener. Unter den 102 Infanterie-Regimentern gab es nur sieben rein deutschsprachige. Um überhaupt eine einheitliche Führung zu ermöglichen, waren drei Sprachsysteme eingeführt:

- die Kommandosprache war Deutsch für die gesamte Armee, sie bestand aus ca. 80 Kommandos, die jeder Soldat erlernen musste.
- die Dienstsprache, in der auch der interne Schriftverkehr durchgeführt wurde. In den k. u. k. und k. k. Einheiten war diese Deutsch, in den Verbänden der Honved (k. u.) Ungarisch oder Kroatisch. Innerhalb einer Kompanie wurde nur eine Sprache verwendet.
- Ein 20%iger Nationalitätenanteil in einem Regiment ergab jeweils eine Regimentssprache, die die Offiziere erlernen mussten. Es gab einige wenige Regimenter mit fünf Regimentssprachen.

Majore mit der Kenntnis von sechs Sprachen waren üblich und nach den großen Offiziersverlusten zu Beginn des Krieges nicht mehr ersetzbar. Ein Problem war der Anteil an Analphabeten, der unter den Soldaten etwa 19 % für den Großraum Wien und von 40 % bis zu 55 % für Dalmatien oder Galizien betrug.

Eine besondere Schwierigkeit ergab sich aus der geografischen Lage der Donaumonarchie. Frankreich, England und Russland mussten mit nur einer Front rechnen, für die Mobilisierung und Aufmarschpläne vorzusehen waren. Deutschland musste mit Frankreich und nach Bildung der Entente mit Russland als Gegner rechnen, eine Situation, für die der bekannte Schliefen-Plan für einen Zweifrontenkrieg entworfen wurde. Österreich-Ungarn hingegen musste sich für drei Fronten, nämlich Russland, Serbien und Italien vorbereiten, die womöglich zu gleicher Zeit schlagend werden konnten.
Die Österreichisch-Ungarische Monarchie war ein völlig autarker Wirtschaftskörper, der keinerlei Ein- oder Ausfuhren benötigte. Wie in den Vereinigten Staaten von Nordamerika war alles, was benötigt wurde, im Land vorhanden. Die riesigen Verluste an Menschen und Material im Ersten Weltkrieg brachten das System aus dem Gleichgewicht. Die Notwendigkeit, Millionenheere zu verpflegen, führte zu Nahrungsmittelmangel in der ohnehin prekären Landwirtschaft der Alpenländer, die auch das landwirtschaftlich reiche Ungarn nicht mehr zu kompensieren vermochte. Der ungeheure Bedarf der Rüstungsindustrie legte einen Mangel an Steinkohle bloß, den der deutsche Verbündete nicht verstand und nicht behob, obwohl andererseits die deutsche Luftwaffe ausschließlich auf die österreichischen Lieferungen an Flugbenzin angewiesen war. Durch die Erdölvorkommen in Galizien rangierte Österreich unter den führenden ölfördernden Ländern.

1.2 Das österreich-ungarische Militärbudget

Der »Ausgleich« 1867 beeinflusste das Militärbudget nachhaltig. Die Kosten für das gemeinsame Heer und die Kriegsmarine mussten von beiden Reichshälften mit einer Ausgleichsquote von anfangs 70:30 zwischen Österreich und Ungarn aufgebracht werden. Es bestand dazu ein kompliziertes internes Bewilligungssystem. In jeder Reichshälfte musste eine Delegation das gemeinsame Heeresbudget beschließen und anschließend jedes der beiden Parlamente zustimmen.

Die Bereitstellung der Mittel für die Landwehr und die Honved erfolgte in jeder Reichshälfte getrennt, für jeden Heeresteil war das jeweilige Parlament zuständig. Für das gemeinsame k. u. k. Heer und die Flotte gab es kein zuständiges Parlament. Das erklärte Ziel Ungarns war, mit der Honved eine rein ungarische Armee mit ausschließlich ungarischer Befehlssprache zu schaffen, obwohl es mit den Kroaten, Slowaken und Deutschen eine sehr große nicht-ungarische Bevölkerungsgruppe von fast 50 % in der ungarischen Reichshälfte gab. Die Ungarn hatten die Bildung der Honved gegen ihre Zustimmung zur allgemeinen Wehrpflicht erpresst. Ungarn war bereit, jede Menge Geld für die königlich ungarische »Honved« (k. u.) auszugeben, verweigerte aber immer wieder die Zahlung seines Budgetanteils für die gemeinsamen k. u. k. Streitkräfte und verhinderte sehr oft eine Erhöhung der Rekrutenkontingente bzw. wichtiger Beschaffungen für das gemeinsame Heer (z. B. für die Artille-

Abgestürztes Auto in Venetien (12.2.1918).

rie) und die Kriegsmarine. Die österreichische Reichshälfte (»Cisleithanien«) sah sich dadurch gezwungen, ihrerseits die Zuwendungen für die k. k. Landwehr zu erhöhen, wodurch Landwehr und Honved zeitweise besser ausgerüstet waren als das gemeinsame k. u. k. Heer. Im Gegensatz zum übrigen Europa waren die k. k. und k. u. Landwehren keine Reserveverbände, sondern Truppen erster Linie. Besonders die Gebirgstruppen bildeten ausgesprochene Eliteverbände, die dann auch in der Lage waren, den ersten Hochgebirgskrieg der Welt gegen die vielfache Übermacht Italiens erfolgreich zu führen und in elf schweren Isonzoschlachten die italienischen Großangriffe abzuwehren. Die ungarischen Obstruktionen, die man auch durchaus Erpressungen nennen könnte, dauerten von 1892 bis 1912 und sorgten für einen ständigen Mangel an Geld und Rekruten. 1912 gelang es, ein neues Wehrgesetz zu verabschieden, welches viele der Probleme beseitigte, aber bis zum Kriegsbeginn 1914 nur teilweise zur Wirkung kam.

Die Wehrkraft in Relation zur Bevölkerungszahl wurde in Österreich-Ungarn bei weitem nicht ausgeschöpft. Zum Ausgleich für die nicht erhöhten Rekrutenkontingente wurde allerdings sehr früh die Beschaffung von Maschinengewehren in Angriff genommen. Ein einziges MG entwickelte die Feuerkraft eines Infanteriezuges von 40 bis 50 Mann, und dies bedeutete eine gewisse Abhilfe für den drückenden Mangel an auszubildenden Soldaten. Auch die Honved griff begierig nach dieser Waffe, weil sie bis knapp vor dem Ersten Weltkrieg über keine Artillerie verfügte und dafür mit MG-Verbänden einen Ersatz suchte. Gebirgstruppen erhielten wegen ihres schwierigen Operationsgeländes die doppelte MG-Ausstattung.[1] Österreich-Ungarn ging mit 2.450, Deutschland mit etwa 5.000 Maschinengewehren, das hoch gerüstete Italien mit nur etwa 600 MG in den Ersten Weltkrieg. Dies bedeutete, dass Verbände in Deutschland und Österreich-Ungarn etwa die vierfache Menge an MG hatten wie vergleichbare Truppen der Entente. Der Oberbefehlshaber des englischen Expeditionskorps in Frankreich, General Haig, vertrat noch 1915 die Ansicht: »The machine gun is a much overrated weapon. Two per bataillon are enough«.

In der Realität war das Maschinengewehr die dominierende Waffe des Ersten Weltkrieges. Der durch MG-Feuer nicht zu beeindruckende Panzer wurde das Mittel, welches die mit MGs bestückten Grabensysteme durchbrechen sollte, an denen die Infanterie immer wieder mit riesigen Verlusten scheiterte. Demgemäß waren in dieser Zeit Maschinengewehre auch für die Panzerbewaffnung erste Wahl, und wenn man Kanonen einbaute, dann nicht zum Kampf gegen andere Panzer, sondern gegen eingedeckte MG-Stellungen.

Ein klassisches Beispiel ungarischer Intransigenz war die Marine. Ungarn forderte für seine Zustimmung zu dem Bauvorhaben, dass von den letzten vier Großkampfschiffen der Dreadnought-Klasse die »SMS Scent Istvan« in einer ungarischen Werft auf Kiel gelegt wurde, die bisher maximal Torpedoboote gebaut hatte. Die Bauzeit für dieses Schiff wurde denn auch um 17 Monate überschritten, und die »SMS Scent Istvan«, das vierte Schiff der Tegethoff-Division, wich in mehreren wichtigen Punkten, beispielsweise bei den Dampfkesseln und beim Antrieb, von seinen Schwesterschiffen ab und litt unter zahlreichen Mängeln.

Im Rückblick mag die forcierte Marinerüstung ein Fehler gewesen sein.

[1] Vergleichsweise wurden in Deutschland Maschinengewehre für Reserveeinheiten als notwendig erachtet, um die als vermindert angenommene Schießleistung der Reservisten auszugleichen.

Ein einziger Dreadnought kostete 61 bis 70 Millionen Kronen. Vergleichsweise wurden für die sehr erfolgreiche schwerste Artillerie 147,6 Millionen Kronen und für die gesamte Feldartillerie nur 46,5 Millionen Kronen ausgegeben.
Noch im Jahre 1903, 54 Jahre nach der ungarischen Niederlage und 36 Jahre nach dem »Ausgleich«, planten ungarische Politiker einen Krieg gegen Österreich. Das Unternehmen scheiterte unter anderem daran, dass die ungarischen Offiziere, die gemeinsam mit den anderen Nationen der Monarchie an den österreichischen Militärschulen, etwa der Theresianischen Militärakademie, der ältesten Offiziersschule der Welt, ausgebildet worden waren, ihre Teilnahme verweigerten. Der alte Kaiser Franz Josef I. aber nahm diese Pläne bei den großen Manövern dieses Jahres zum Anlass für seine bedeutungsschwangeren Worte »Wir kämpfen gegen jeden Feind!«[2]
Die schweren Defizite in Ausbildung und Ausrüstung vor dem Ersten Weltkrieg konnten in Österreich-Ungarn erst ab dem Jahr 1916 einigermaßen behoben werden, aber das schwerwiegendste Manko, der Mangel an genügend hochofenfähiger Steinkohle, konnte nie gelöst werden. Die leistungsfähige österreichisch-ungarische Stahlindustrie konnte daher ihre Kapazitäten nie ausschöpfen, und Deutschland weigerte sich, dem abzuhelfen.

1.3 Der Zeit voraus – der Austro-Daimler Radpanzer und Burstyns Motorgeschütz

1.3.1 RADPANZER AUSTRO-DAIMLER

Durch die nicht geklärten taktischen Einsatzgrundsätze standen die meisten europäischen Heeresleitungen dem Waffensystem Maschinengewehr, welches dann den Ersten Weltkrieg dominieren sollte, ablehnend gegenüber. In der deutschen Heeresorganisation von 1914 benötigte ein 7,92 mm MG 08 eine Bedienung von zwölf Mann und vier (im Kriegsfall sieben) Pferden. In Österreich waren die Maschinengewehre in Maschinengewehr-Abteilungen mit zwei MGs und neun Soldaten organisiert. Das MG07/12 war auf Tragtieren verladen, die von zwei Tragtierführern betreut wurden. Die Kavallerie benutzte Pferde statt der Tragtiere. Die Taktiker konnten sich bestenfalls eine MG-Verwendung bei der Kavallerie vorstellen, und zwar dort, wo diese Schnellfeuerwaffe es kleinen Kavallerietrupps ermöglichen sollte vorzustoßen und taktisch wichtige Punkte bis zum Eintreffen der eigenen Infanterie zu halten. Das Absitzen und In-Stellung-Bringen der auf Tragtieren mitgeführten MGs war aber zeitaufwändig. Es nimmt daher nicht Wunder, dass fortschrittliche Denker dem immer stärker aufkommenden Automobil die Rolle eines MG-Trägers übertragen wollten, zumal bereits die ersten Truppenversuche zeigten, dass ein Automobil dreißig Mal schneller als Infanterie und zwölf Mal schneller als Kavallerie war.
Die beiden weltweit ersten motorisierten Panzerfahrzeuge, der Austro-Daimler-Panzerwagen und der französisch-russische Charron, waren daher Maschinengewehrträger und mit ein oder zwei Maschinengewehren in einem um 360° schwenkbaren Turm bewaffnet.
Die Firma Charron, Girandot und Voigt arbeitete seit mindestens 1902 an der Entwicklung von Panzerautos, nachdem sie im Salon de l'Automobile in Paris ein Auto mit umpanzerten Rücksitzen und einem Hotchkiss-MG vorgestellt hatte. Das nächste Fahrzeug war ein komplett gepanzerter Pkw mit einem in einem Turm montierten Hotchkiss-MG. Es erreichte 45 km/h und wurde 1906 in den Herbstmanövern einem gründlichen Test durch die französische Armee unterzogen, die 1909 zum Schluss kam, dass die Produktionskosten zu hoch und die Geländegängigkeit zu gering wäre. Das Projekt wurde daher abgelehnt.
Der Austro-Daimler-Panzerwagen wurde von Paul Daimler, dem Sohn Gottlieb Daimlers, im Werk Wiener Neustadt der Österreichischen Daimler Motoren AG ab März 1903 entwickelt und ca. 1905 fertiggestellt. Paul Daimler war damals Chefkonstrukteur. Mit Vierradantrieb, Vierradlenkung, Drehturm und heb- und senkbarem Sitz für Fahrer und Beifahrer war dieser erste Radspähpanzer der Welt seiner Zeit weit voraus. Der

[2] Seminar Prof. Bertrand Buchman, Inst. f. Geschichte der Universität Wien »Wir kämpfen gegen jeden Feind«

Austro- Daimler-Panzerwagen besaß dank seines 4-x-4-Fahrgestells eine für die damalige Zeit beachtenswerte Geländegängigkeit. Vorder- und Hinterachse verfügten über ein Ausgleichsgetriebe. Es war eines der ersten allradgetriebenen Fahrzeuge der Welt. Den Wagenkörper formten allseitig 3 bis 3,5 mm dicke Panzerbleche, der Drehturm war mit 4 mm gepanzert. Diese Panzerung schützte gegen 8-mm-Gewehrmunition aus 300-m Entfernung und gegen Granatsplitter. Vom Turm gab es zwei Ausführungen:

- einen geschlossenen Turm mit einem MG und
- einen in der rückwärtigen Hälfte offenen Turm mit zwei Maschinengewehröffnungen in der Front.

Fahrer und Beifahrer saßen auf dem hochgehobenen Sitz und schauten über die gepanzerte Fahrerfront. Die beiden vorderen Scheibenräder waren aus schussfestem Nickelstahl. In der Mitte der Achse das Differential für den Allradantrieb.

Der Antrieb erfolgte durch einen wassergekühlten Daimler-4,4-l-Vierzylinder-Viertaktmotor mit 30 PS Leistung, der eine Geschwindigkeit von 24 km/h erreichte.

Der Austro-Daimler-Panzerwagen verfügte über einen gemeinsamen Mannschaftsraum, in dem Fahrer und Beifahrer entweder mit hebbaren Sitzen über die Frontpanzerung oder durch zwei Sehschlitze mit Panzerblenden oberhalb der Motorhaube beobachten konnten.

Der Panzerwagen wurde der Deutschen Armee bei den Kaiser-Manövern 1905 und der Österreich-Ungarischen Armee bei den Manövern im Jahre 1906 vorgeführt. Er wurde dabei von Reichsgraf Heinrich von Schönfeld gesteuert. Obwohl diese Einsätze sehr erfolgreich gewesen sein dürften, lehnten ihn beide Heere ab. Es wird berichtet, dass Kaiser Franz Josef I. nach positiven Manövermeldungen eine Vorführung des Panzerautos auf dem Feldherrnhügel wünschte. Beim Anfahren des Panzerautos nahmen zahlreiche Pferde der anwesenden Stäbe wegen des Motor- und Auspufflärms Reißaus und entledigten sich ihrer Reiter. Namentlich erwähnt wurde das Pferd des Chefs des Generalstabs des österreichisch-ungarischen Heeres Friedrich von Beck-Rzikowwsky. Worauf der Kaiser erklärte, so etwas sei »für die militärische Verwendung nicht zu brauchen«.[3] Damit folgte er der damals traditionellen Meinung, die die Rolle der Kavallerie völlig überbewertete. Das Pferd war eben nicht nur das einzige Element der Beweglichkeit und die einzige Transportkapazität, welche damals eine Armee besaß. Es war auch ein Kamerad und ein Kampfgefährte. Für einen Offizier war es selbstverständlich, ein guter Reiter und »gut beritten« zu sein. Bei fast jedem Großmanöver war eine geschlossene Reiterattacke mehrerer Kavallerieregimenter der krönende Abschluss, ein Angriff, der im Feuer weniger Maschinengewehre blutig zusammenbrechen musste, wie später einige alliierte Kavallerieeinsätze an der Westfront des Ersten Weltkrieges zeigten. Und dies, obwohl Automobile in fast allen Ländern in immer steigenden Zahlen hergestellt wurden. In England wurden 1908 10.500 Autos gebaut, im Jahr 1913 bereits 34.000. Die Heere aber verließen sich auf Pferde. Die französische Armee verfügte 1914 bei Ausbruch der Ersten Weltkrieges nur über 220 Fahrzeuge, 1918 waren es 95.000.

Der Austro-Daimler-Panzerwagen.

Der schon geplante Ankauf des Radpanzers durch die österreichisch-ungarische Armee unterblieb. Nach der Ablehnung durch den deutschen

[3] Kaiser Franz Josef I. war ein ausgezeichneter Reiter. Mit 80 Jahren wurde er von einem Pferd abgeworfen, landete mit einer tadellosen Rolle und stieg sofort wieder auf.

und österreich-ungarischen Generalstab erhielt Austro-Daimler die Erlaubnis, den Radpanzer nach Frankreich zu verkaufen. Die französische Armee testete das Fahrzeug mit »spektakulärem« Ergebnis bei Fort Mont Valerien nahe Paris. Dies konnte aber die negative Einstellung der zuständigen Kommission nicht ändern. Der Austro-Daimler-Radpanzer wurde auch in Frankreich nicht angenommen. Major Dr. Heigl stellte in einem Aufsatz 1930[4] fest, dass »der Austro-Daimler Straßenpanzer von 1904/05 restlos in Vergessenheit geraten war«.

In Österreich bestand ein möglicherweise sehr triftiger Grund für die Ablehnung des Radpanzers darin, dass die Austro-Daimler-Werke gleichzeitig an der Entwicklung der Zugfahrzeuge für schwere Artillerie arbeiteten und nicht genügend Geld für beide Projekte zur Verfügung stand. Die Artillerie hatte Vorrang. Der Grund war einleuchtend: Reichskanzler Fürst Bismarck hatte in seiner Absicht, Österreich aus Deutschland zu verdrängen, einen Bündnisvertrag mit Italien geschlossen und nach der Niederlage der Österreicher 1866 in Königgrätz den Kaiserstaat gezwungen, Venedig abzutreten, obwohl die Österreicher die Italiener zu Wasser und zu Land geschlagen hatten. Damit ging für Österreich das ungeheuer wichtige Festungsviereck Mantua-Peschiera-Verona-Legnano verloren, welches Jahrhunderte lang die militärische Dominanz in diesem Gebiet gesichert hatte. Italien begann sofort, an der neuen Grenze eine Reihe von stark armierten Festungen mit Betondecken und eisernen Panzerkuppeln zu bauen. Um diese Festungen im Kriegsfall neutralisieren zu können, verlangte der österreichische Generalstab ab 1906 eine beschleunigte Entwicklung der schweren 30,5-cm-Mörser, des Produkts einer Zusammenarbeit der Rüstungsfirma Skoda mit dem Technischen Militärkomitee des Kriegsministeriums. Trotz der im geplanten gebirgigen Einsatzgebiet überaus schlechten Straßenverhältnisse sollte das neue Angriffsgeschütz über eine maximale Beweglichkeit verfügen. Gegen die neuartigen Festungen aus verstärktem Stahlbeton mit Geschützen in Panzerkuppeln war eine Belagerungsartillerie erforderlich, die die Abgabe sehr präzisen Feuers mit höchster Geschosswirkung im Ziel sicherstellte. Der in Österreich-Ungarn vorhandene 24-cm-Mörser konnte dies nicht. Der daraufhin in sehr kurzer Zeit fertiggestellter 30,5-cm-Mörser M11 von Skoda entsprach allen Erwartungen, sodass der damalige Kriegsminister, Ritter von Auffenberg, auf eigene Verantwortung 24 Stück bestellte, weil die Vertreter der Ungarn aus politischen Gründen wieder einmal Einspruch gegen die Beschaffung erhoben hatten. Die Entwicklung der Zugmittel wurde der Österreichischen Daimler Motoren A.G. übertragen, deren Technischer Direktor damals schon Dr. Ferdinand Porsche war.

Die Masse des Geschützes betrug 20,9 Tonnen. Für die Beweglichmachung wurde es in drei Teillasten zerlegt: Rohr mit Verschluss, Wiege und Bodenplatte. Für jede Teillast wurde ein spezieller Transportwagen vorgesehen. Alle drei konnten zusammengekoppelt von einem vierrädrigen Zugfahrzeug M12 mit 100-PS-Motor und Allradantrieb gezogen werden. Im Gebirge zog der Zugwagen nur jeweils einen Transportwagen. Das Geschütz wurde auch in Deutschland mit beeindruckendem Ergebnis vorgeführt, und als sich am Beginn des Weltkrieges bei den deutschen Angriffsoperationen im Westen das zur Verfügung stehende schwere Geschützmaterial weder qualitativ noch quantitativ als ausreichend herausstellte, wurden auf Anfrage der deutschen Heeresleitung von Österreich vier Batterien 30,5-cm-Mörser zu je zwei Geschützen zur Verfügung gestellt. Die österreichischen 30,5-cm-Mörserzüge M11 und M16 konnten 35 bis 40 Kilometer am Tag zurücklegen und der Mörser bei geeignetem Untergrund in etwa ein bis zwei Stunden aufgebaut werden.[5]

Im Gegensatz dazu brauchten die 42-cm-Krupp-Mörser (»Dicke Berta«, ein ballistisch ausgezeichnetes Geschütz mit größter Wirkung) ein Eisenbahngleis bis zur Einsatzstelle. Bei 150 t Feuergewicht wurden zur Fortbringung zehn Vollbahnwagen gebraucht. Zum Aufbau war ein 25-Tonnen-Portalkran nötig. Es gab von den Krupp-Mörsern nur zwei zerlegbare Exemplare, die mühsam von jeweils 36 Pferden gezogen werden mussten.

Die belgischen Festungen fielen durch den Einsatz der österreichischen

Austro-Daimler-Radpanzerwagen	
Hersteller	Austro-Daimler A.G. Wiener Neustadt
Gefechtsmasse (kg)	3.000
L/B/H (mm)	4.100/1.760/2.700
Spurweite v/h (mm)	1.220/1.282
Radstand (mm)	2.860
Reifendimension v/h	830/920 mm Durchmesser, Vollgummireifen
Motor	Austro-Daimler Vierzylinder-4,4-l-Benzinmotor mit 35 PS bei 1.050 U/min
Höchstgeschw. (km/h)	24
Steigfähigkeit (%)	60
Besatzung	3 bis 4 Mann
Bewaffnung	Turm, 360° drehbar, mit einem oder zwei Maxim-Maschinengewehren
Panzerung (mm)	3 und 4 mm
Bauzeit	1903/1904

4 Militärwissenschaftliche Mitteilungen 1930, 708.

5 Heigl, Militärwiss. Mitteilungen Jahrgang 60, 1929, 71.

Mörser in zwei Tagen statt wie geplant in zwei Wochen. Die acht Mörser bekämpften die Forts d'Àndoy und Malzeret der Festung Namur, das Fort Givet der Festung Maubeuge sowie die Forts Broechem, Koningshoykt und Kessel der Festung Antwerpen mit so glänzendem Ergebnis, dass Kaiser Wilhelm II. ein Danktelegramm an Kaiser Franz Josef I. absandte. Die deutsche Armee lud Skoda-Techniker zur Besichtigung der zerstörten Forts ein. Eine Panzerkuppel des Forts Antwerpen hatte einen direkten Treffer erhalten, der aber die Kuppel nicht durchschlagen hatte.[6] Für Skoda war das der Anlass, sofort über ein noch schwereres Geschütz nachzudenken. Der damalige österreichische Kriegsminister Alexander von Krobatin schloss mit Skoda einen Vertrag, der den Bau von zwei 38-cm-überschweren-Haubitzen vorsah. Sie sollten eine Schussweite von mindestens 15 km bei einer Mobilität besitzen, die der des 30,5-cm-Mörsers gleich war.

Hunderte von Jahren hatte sich die Artillerie auf den Pferdezug verlassen, wobei sich die sechsspännige Lösung für Feldgeschütze als optimal herausgestellt hatte. Der traditionelle Transport im Pferdezug kam bei den vorliegenden Gefechtsmassen der schweren Geschütze aber nicht mehr in Frage. Der Zusatz weiterer Pferdepaare über sechs hinaus verringerte die Effektivität. In zahlreichen Armeen wurde versucht, das Problem durch Motorzug zu lösen, wobei Allradantrieb und Allradlenkung als beste Möglichkeit erschienen. Zugmaschinen für schwerste Geschütze existierten 1914 aber nur in Österreich-Ungarn (Austro-Daimler), Frankreich (Renault) und England (Foster). Deutschland, Italien und Russland besaßen keine entsprechenden Fahrzeuge und waren beim Einsatz schwerer Artillerie entsprechend behindert.

Vierrad-Zugmaschinen wie die M12 der 30,5-cm-Mörser waren aber nur bis zu einer zu ziehenden Gefechtsmasse von zehn bis zwölf Tonnen brauchbar. Für höhere Gefechtsmassen ergab sich nur die Lösung, die Zahl der direkt angetriebenen Achsen zu erhöhen. Dafür hatte der österreichische Oberst Landwehr von Pragenau schon 1912 einen benzin-elektrischen Antrieb vorgeschlagen, welchen Porsche in Form eines Generatorwagens mit zehn Einachs-Anhängern, jeder mit Elektromotor, verwirklichte (»Daimler-Landwehr-Zug« oder A-Zug).

Für den 30,5-cm-Mörser entwickele Austro-Daimler den Zugwagen M12, der den in drei Teillasten zerlegten Mörser problemlos zog und selbst mit schlechten Straßen im Gebirge zurechtkam. Bei einer Gesamtmasse von über 82 Tonnen der 38-cm-Haubitze beziehungsweise der 42-cm-Autohaubitze lagen die Teillasten bei 20 bis 44 Tonnen. Diese Massen waren selbst mit einem vierrädrigen Allradantrieb nicht mehr zu schaffen, und Porsche griff wieder auf das System des benzin-elektrischen Antriebs des Landwehr-Zuges zurück, bei dem ein Generatorwagen den Strom lieferte, der seine eigene Hinterachse und alle Achsen der Transportwagen antrieb.

Nach diesem System wurde auch für die neue 24-cm-Kanone, die 38-cm-Haubitze und den 42-cm-Mörser, alle weit über 80 Tonnen schwer, ein Generator-Wagen mit einem 155 PS starken Sechszylinder-Motor entwickelt. Dieser trieb aber nicht den Wagen selbst, sondern einen elektrischen Generator an, der die Energie für die beiden Elektromotoren der Hinterachse des Generatorwagens und die acht Motoren für den vierachsigen Anhänger lieferte (C-Züge). Der Generator erzeugt 90 kW bei 300 Volt. Die Elektromotoren konnten bei Steigungen in Serie geschaltet werden, wenn ein höheres Drehmoment nötig war, wobei sich natürlich die Marschgeschwindigkeit verringerte. Bei paralleler Schaltung ergab sich mit 30 Ampere bei 300 Volt eine höhere Geschwindigkeit, welche durch Änderung der Drehzahl des Benzinmotors reguliert werden konnte. Der ganze Zug konnte vorwärts und rückwärts gleich schnell fahren und war sowohl auf Schienen mit zehn Anhängewagen als auch auf Straßen mit fünf Anhängewagen einzusetzen. Die Höchstgeschwindigkeit betrug 14 km/h auf Straßen. Der Wechsel von Straße auf Schiene dauerte ungefähr eine Stunde. Auf Schienen zog der Generatorwagen nur für kurze Strecken die Anhänger, für längere Eisenbahnfahrten erreichte eine Dampflokomotive als Zugfahrzeug ca. 35 km/h. Es waren sowohl die europäische Eisenbahnspurweite von 1435 mm als auch die russische Breitspur von 1520 mm einstellbar. Die Seilwinde mit 1200 kg Zugkraft konnte zum Ziehen eines zweiten Zuges oder zum Bergen anderer Fahrzeuge und zur Selbstbergung des Generatorwagens genutzt werden. Der Anhänger konnte bei stehendem Generatorwagen selbständig bewegt werden, wozu ein Verlängerungskabel zur Verfügung stand. Mit allen angetriebenen Achsen am Boden hatte das Zugsystem eine immense Geländegängigkeit, allerdings bei einem Benzinverbrauch von 300 Litern auf 100 Kilometer. Der Zusammenbau beispielsweise des 38-cm-Riesengeschützes konnte in sechs bis sieben Stunden bewerkstelligt werden.

Die ersten beiden fertiggestellten 38-cm-Haubitzen (»Barbara« und »Gudrun«) wurden nach nur achtmonatiger Bauzeit(!) erfolgreich getestet, 1916 vor der Südtirol-Offensive im Gebirge in Stellung gebracht und zerstörten in kürzester Zeit die modernen italienischen Festungen Fort Punta Corbin, Fort Casa Ratti, Fort Monte Verena sowie die Forts Campolongo und Col Santo. Im Laufe des Krieges wurden zehn 38-cm-Haubitzen gebaut, die Haubitze Nr. 6 befindet sich heute aufgebaut im Heeresgeschichtlichen Museum in Wien.

---

[6] Diese Kuppel findet sich im Heeresgeschichtlichen Museum in Wien.

Austro-Daimler erzeugte mindestens 87 C-Züge, deren Verbleib nach der Niederlage der Monarchie nicht ganz geklärt ist. Einige C-Züge fielen an Italien, einige an Rumänien, der Großteil wurde von der Tschechoslowakei weiterverwendet. Die tschechische Armee benutzte auch die altösterreichischen Geschütze, nämlich die 24-cm-Kanone M16 sowie die 30,5- und 42-cm-Mörser M16 weiter und verwendete zusätzlich die immense geländegängige Transportkapazität der C-Züge zum Transport von 382 schweren Panzerkuppeln (bis 55 Tonnen) in die Bunker der ab 1934 errichteten tschechischen Grenzbefestigungen. (Nach dem Münchner Abkommen baute die Wehrmacht diese Panzerteile mit Hilfe der C-Züge aus den tschechischen Bunkern wieder aus und in die Bunker der Siegfried-Linie ein).

Im Januar 1939 wurden 32 C-Züge von der tschechischen Armee zusammen mit 17 30,5-cm-Mörsern M16, sechs 24-cm-Kanonen M16 und vielem anderem Artillerie-Material und Munition an die deutsche Wehrmacht verkauft. Diese Geschütze nahmen am Frankreich-Feldzug teil und bombardierten die Maginotlinie. Ein Teil wurde im Atlantik-Wall eingebaut. Ein anderer Teil ging mit der II. Gruppe des Artillerie Regiments 84 in der Sowjetunion nahe dem Zarenpalast Peterhof gegenüber der Festung Kronstadt in Stellung und feuerte auf diese Seefestung, die russische Ostsee-Flotte und auf Leningrad. Nach Ende des Krieges beschloss die Tschechoslowakei noch in den Jahren 1946 bis 1951, die Befestigungen in Südmähren gegenüber Österreich mit Hilfe der noch vorhandenen C-Züge fertigzustellen. Danach wurden die C-Züge ausgemustert und verschrottet.

Angesichts der vom militärischen Standpunkt enorm erfolgreichen Performanz der schweren Artillerie und ihrer Zugmittel war die Entscheidung von 1906, das spärlich vorhandene Geld in diese Entwicklungen statt in die eher unbeliebten Radpanzer zu investieren, nicht ganz unbegründet.

1.3.2 PROJEKT »MOTORGESCHÜTZ« VON OBERLEUTNANT GÜNTHER BURSTYN

Oberleutnant Günther Burstyn.

Der 1911 zum Patent angemeldete Panzerentwurf des Oberleutnants Günther Burstyn (1879–1945) enthielt bahnbrechende Ansätze und war in seiner Konzeption den später gebauten französischen und englischen Vollkettentanks weit voraus.

Burstyn war Pionieroffizier und als solcher mit den Problemen der Mobilität der Truppe zu Wasser und zu Land vertraut. Seit dem Jahre 1903, nach der Teilnahme an Übungsfahrten mit Torpedobooten in der Adria, verfolgte er die Idee, ein sogenanntes »Landtorpedoboot« zu entwerfen, welches geländegängig, schnell, gepanzert und mit einer Kanone bewaffnet sein sollte. Das Vorbild für die »gleislegende Kette« stammte von dem landwirtschaftlich eingesetzten »Holt-Traktor«, der übrigens auch für die Laufwerke der englischen und deutschen Tanks Pate stand. Holt-Traktoren wurden damals schon in großen ungarischen Agrar-Betrieben eingesetzt, und die k. u. k. Armee untersuchte ihre Verwendbarkeit als Artilleriezugmaschinen. 1916 musste auch Deutschland für die Entwicklung des Panzers A7V auf diese ungarischen Holt-Traktoren zugreifen, weil sie die einzigen im Bereich der Mittelmächte waren.

Burstyn soll 1906 auf der VI. Internationalen Automobilmesse in Wien den Radpanzerwagen von Austro-Daimler gesehen haben, hielt aber dieses Radfahrzeug für nicht ausreichend geländegängig, weil ein Radfahrzeug an Gräben, Morast, Bahndämmen und höheren Geländeneigungen scheitern musste. In den Folgejahren scheint er neben seiner Arbeit als Pionieroffizier in verschiedenen anspruchsvollen Verwendungen am Konzept des Motorgeschützes gearbeitet zu haben, und 1911 legte er dem k. u. k. Kriegsministerium den Entwurf seiner Lösung vor. Das Konzept war den im Weltkrieg ab 1916 eingesetzten Panzerfahrzeugen weit voraus. Sein Panzerkasten verteilte das Gewicht gleichmäßig auf fünf Räderpaare und trug einen rundum drehbaren Turm. Um die Räder war ein aus Platten gebildeter Gürtel gelegt, der es ermöglichte, auch weiche Böden zu befahren. Das Motorgeschütz sah die Notwendigkeit vor, breite Gräben und Trichterfelder zu überschreiten. Als Hilfsmittel waren am Bug und Heck Ausleger angebracht, die an ihren Enden Räder trugen. Burstyn erkannte in seinem Patent auch die Notwendigkeit, der Besatzung eine möglichst stoßfreie Fahrt zu bieten. Im Gegensatz zu den meisten im Ersten Weltkrieg gebauten völlig ungefederten »Tanks« waren die Laufräder mit Schraubenfedern versehen. Es wäre möglich, dass Burstyn in seinen Geländevorstellungen eines Gefechtsfeldes von den Berichten über den russisch-japanischen Krieg inspiriert wurde, wo bereits Schlachten stattgefunden hatten, die jene des Weltkrieges vorwegnahmen, die aber von den europäischen Generalstäben weitgehend ignoriert wurden.

Modell des Motorgeschützes von Günther Burstyn vor dem Heeresgeschichtlichen Museum in Wien.

Das Ministerium lehnte jedoch den Bau eines Prototyps und eine Erprobung auf Kosten der Heeresverwaltung ab. Burstyn legte seinen Entwurf daraufhin dem deutschen Kriegsministerium vor, erhielt aber auch hier einen ablehnenden Bescheid.

Er ließ daraufhin in Österreich-Ungarn (k. u. k. Patent 53248, 25. April 1912) und auch im Deutschen Kaiserreich (DRP 252815) die »Vorrichtung für Motorfahrzeuge zum Überschreiten von Hindernissen« patentieren.

Eine Veröffentlichung in militärtechnischen Zeitschriften diente dem Versuch, finanzielle Unterstützung für das Projekt zu gewinnen. Die Veröffentlichung zeitigte zwar keine realen Ergebnisse, machte aber sein Projekt auch im Ausland (England) bekannt.

Mögliche Daten des Motorgeschützes, entnommen aus überlieferten Aufzeichnungen:

Motorgeschütz Günther Burstyn	
Gefechtsmasse (kg)	ca. 7000
L/B/H (mm)	3.500 (ohne Ausleger)/1.900/1.900
Motor	Lkw-Benzinmotor, 45 PS
Höchstgeschw. (km/h, errechnet)	29 (Straße), 8 (Gelände)
Leistungsgewicht (PS/t)	6,4
Besatzung	3 Mann
Hauptbewaffnung	37 mm Schnellfeuerkanone
Nebenbewaffnung	1 oder 2 MG 8 mm

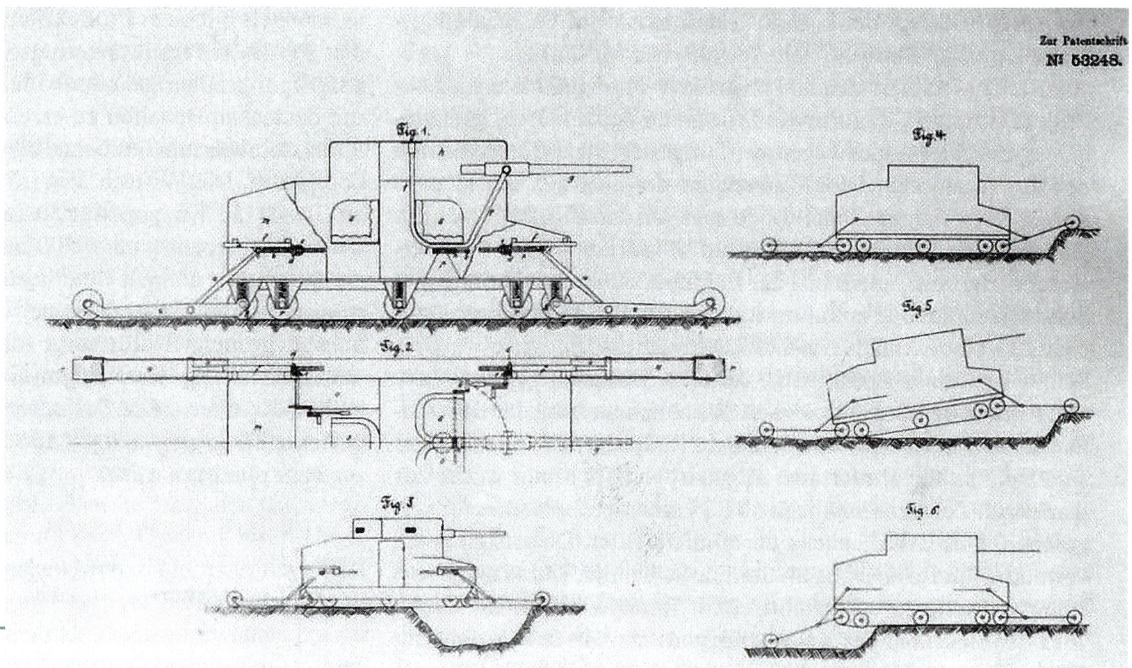

Die Patentzeichnung Burstyns.

1.4 Bau und Verwendung von Straßenpanzerwagen im k. u. k. Heer

Major Dr. Heigl, Autor des Standardwerkes »Taschenbuch der Panzer«, beklagte 1930 das nahezu vollständige Fehlen von verwertbaren Unterlagen über die Straßenpanzer des österreichisch-ungarischen Heeres. Daran hat sich leider bis heute wenig geändert. Es lässt sich nur feststellen, dass eine überschaubare Anzahl Straßenpanzer aus eigener Fertigung erst ab 1915 vorhanden war, aber über deren Einsatz und Verwendung sind nur wenige Unterlagen zu finden. Straßenpanzer gab es daher zu Kriegsbeginn nicht.

1915 wurden nach mehreren Zusammenstößen mit sehr effektiv geführten russischen Panzerautos ein Panzerauto Romfell auf Basis eines Mercedes-Fahrgestells und mehrere Behelfspanzerwagen nach den Entwürfen des Hauptmanns Junovicz in den Werkstätten der ungarischen Staatsbahnen in Resiczabanya auf Fahrgestellen von Subventionslastwagen hergestellt. Der Romfellwagen und ein zufällig in Kärnten befindliches russisches Beutepanzerauto vom Typ Austin M 17 wurden mit großem Erfolg bei den Kärntner Abwehrkämpfen nach Kriegsende eingesetzt. Am 28. April 1919 traten die Jugoslawen unter Bruch des Waffenstillstandes an der ganzen Kärntner Front überraschend zum Angriff an. Zusammen mit Studentenkompanien der steirischen Universitäten, rasch aufgestellten Urlaubergruppen und zwei Kanonen wurden die Jugoslawen im Gegenstoß zurückgeworfen, wobei der russische Straßenpanzer in Nahkämpfe verwickelt und durch Handgranatenwürfe beschädigt wurde.

1.4.1 RADPANZER ROMFELL

In den schweren Kämpfen in Russland im Jahr 1914 trafen die österreich-ungarischen Truppen in Galizien auf sehr geschickt eingesetzte russische Panzerautos, die oft ein Vorgehen der Österreicher erfolgreich verhinderten. Die kaiserliche russische Armee war die einzige, die über eine namhafte Anzahl gepanzerter Autos verfügte, wobei komplette Fahrzeuge und auch Fahrgestelle aus den USA und England importiert und auch in den Putilov-Werken in St. Petersburg nachgebaut wurden.

Der Anstoß zu einer österreichischen Eigenfertigung von Panzerautos kam 1915 aus Ungarn. Das Kraftfahr-Ersatz-Depot Budapest errichtete unter der Leitung von Hauptmann Romaníc und Oberleutnant Fellner auf einem vorhandenen Mercedes-Personenkraftwagen (Kennzeichen A IV 865) mit Kettenantrieb und 99 PS Leistung einen Panzeraufbau. Das Fahrzeug wurde nach den Entwicklern »Romfell« genannt. Es dürfte drei Romfell-Panzerautos gegeben haben, sicher ist, dass 1917/18 ein zweiter Romfell gebaut wurde. Einer der Panzeraufbauten scheint 1917 auf einen in der 12. Isonzoschlacht erbeuteten FIAT-Lkw übertragen worden zu sein.

	Radpanzer Romfell
Herstellungsland	Österreich-Ungarn (Aufbau), Deutschland (Mercedes) bzw. Italien (Fiat, Fahrgestelle)
Gefechtsmasse (kg)	3.200
L/B/H (mm)	5.670/1.899/2.480
Spurweite (mm)	1.520
Radstand (mm)	3.745
Reifendimension v/h	915x105/935x135: Vollgummi, hinten Doppelreifen
Motor	Mercedes Vierzylinder-Reihenmotor, 99 PS
Antrieb	Vierradantrieb
Leistungsgewicht (PS/t)	14
Höchstgeschw. (km/h)	26
Besatzung	4 bis 6 Mann
Bewaffnung	ein 8 mm MG 07/12 im Drehturm mit 3.000 Schuss
Panzerung (mm)	Wanne 6, Turm 6–10
Bauzeit	ab 1915

Das Romfell-Panzerauto wurde noch 1919 im Kärntner Abwehrkampf gegen die Truppen des Staates der »Slowenen, Kroaten und Serben« eingesetzt.

1.4.2 RADPANZER JUNOVICZ

Nach den Plänen von Hauptmann Junovicz wurden 1915/16 mindestens fünf Panzeraufbauten hergestellt, indem man handelsübliche Lkw mit einem Panzeraufbau versah. In der schräg gestellten Vorder- und Rückwand waren je eine Scharte angebracht, die für ein 8-mm-MG 07/12 ausgelegt waren. In den Seitenwänden befanden sich je zwei Schießscharten. Die Montage erfolgte auf sogenannten »Subventionslastwagen«. Dabei handelte es sich um mehr oder weniger normierte Lkw verschiedener österreichischer Lkw-Hersteller, deren Ankauf durch eine Subvention des Kriegsministeriums im Frieden für Privatfirmen interessant gemacht wurde. Diese standen im Mobilisierungsfall der Armee zur Verfügung. Diese Vorgehensweise war auch in Deutschland üblich. Der Junovicz-Aufbau wurde auf drei 40 PS starke FIAT-Fahrgestelle (Baujahr 1916) montiert sowie 1917 auf einen 36-PS-Büssing-Lkw und einen 34-PS-Saurer-Lastwagen. Ein möglicher Aufbau auf einen Berna- und einen Praga-Lkw ist nicht gesichert.

Die Junovicz-Panzerautos kamen hauptsächlich an der Ostfront zum Einsatz. Nach dem Zusammenbruch der Monarchie finden sich noch zwei Junovicz-Panzerautos im Bestand der Volkswehr. Sie mussten 1921 an Italien ausgeliefert werden.

Radpanzer Junovicz (abgekürzt Junovicz P.A.)	
Herstellungsland	Österreich-Ungarn
Gefechtsmasse (kg)	3.000
L/B/H (mm)	5.700/1.900/3.500
Aufbau	auf Subventions-Lkw mit 40, 36 und 34 PS
Leistungsgewicht (PS/t)	ca. 13
Höchstgeschw. (km/h)	35
Bewaffnung	2 x 8-mm-MG 07/12
Besatzung	5 Mann
Panzerung (mm)	vorne 7, Seiten 5
Bauzeit	1915–1917

Der Panzeraufbau von Junovicz wurde auf mindestens fünf Subventions-Lkw-Fahrgestelle aufgesetzt und lief hauptsächlich an der Ostfront.

1.5 Beutefahrzeuge – ausländische Panzerfahrzeuge im k. u. k. Heer

Die Auswertung vorhandenen Fotomaterials aus dem Ersten Weltkrieg ergibt, dass den wenigen inländischen Panzerautos eine ganze Reihe von Beutefahrzeugen zur Seite gestellt und von den eigenen Truppen bis zum Kriegsende eingesetzt wurden. Neben russischem Material fielen im Zuge der 12. Isonzoschlacht eine Vielzahl italienischer Panzerwagen in

Lancia IZ Straßenpanzerwagen, erbeutet in der 12. Isonzoschlacht.

die Hände der siegreichen Deutschen und Österreicher. Diese Fahrzeuge wurden in der Regel auf 8-mm-MG M7/12 umgerüstet und von den lokalen Divisionen im Kampf eingesetzt. Es waren nach der sehr spärlichen und unübersichtlichen Quellenlage wesentlich mehr ausländische Panzerfahrzeuge auf österreichischer Seite im Ersten Weltkrieg im Einsatz, als bisher angenommen wurde.

1.5.1 RADPANZER AUSTIN M.17

Die k. u. k. Armee eroberte in Ostgalizien 1917 einen Austin-Panzerwagen aus offenbar russischer Lizenzfertigung (Putilov-Werke in St. Petersburg), der im Gegensatz zur englischen Ausführung zwei nebeneinander liegende MG-Türme besaß. Er wurde in die k. u. k. Armee übernommen und in jeden Turm ein MG 07/12 eingebaut. Dieser Panzerwagen entstammte einer Serie von über 200 Fahrzeugen, die in Russland auf Austin-Fahrgestelle aufgebaut worden waren. Nach dem Ende der Monarchie befand sich der Austin-Panzerwagen bei der österreichischen Volkswehr, der Nachfolgeorganisation der k. u. k. Armee. Zusammen mit einem noch vorhandenen Romfell-Panzerwagen wurde er 1919 beim Kärntner Abwehrkampf sehr erfolgreich eingesetzt. Nach weiterer Verwendung im ersten österreichischen Bundesheer und der österreichischen Gendarmerie stand er ab 1940 vor dem Kärntner Landesmuseum in Klagenfurt und wurde 1951 mit Ausnahme eines Turmes verschrottet.

Die Besatzung eines Austin M.17 bestand aus vier Personen: dem Kommandanten, zwei MG-Schützen und einem Fahrer.

Radpanzer Austin M.17	
Hersteller	Putilov-Werke St. Petersburg, Russland
Baujahr	1917
Gefechtsmasse (kg)	5.300
L/B/H (mm)	4.900/2.030/2.400
Radstand (mm)	ca. 3.600
Motorleistung (PS)	50
Höchstgeschw. (km/h)	50
Reichweite (km)	200
Bewaffnung	2 MG 07/12 in nebeneinander liegenden Türmen
Besatzung	4 Mann
Panzerung (mm)	8

Zwei wassergekühlte Maxim-MGs bildeten die Bewaffnung des bis zu 56 km/h schnellen Panzerwagens. Seine Reichweite betrug bis zu 200 km.

1.5.2 ANSALDO-PANZERWAGEN (AUTOBLINDO-MITRAGLIATRICE ANSALDO)

Eine Gruppe von Lancia-IZ-Panzerwagen.

Der Panzerwagen wurde in der 12. Isonzo-Schlacht erbeutet. Er stammte vermutlich aus einer Serie von 20 Panzerwagen, die 1915 von der Firma Ansaldo auf handelsüblichen Lkw-Fahrgestellen Lancia IZ aufgebaut waren. In diese Panzerwagen wurde in der Regel ein 35 PS starker Lancia-Vierzylinder eingebaut. Das Vorbild scheinen belgische Panzerwagen gewesen zu sein, die das Interesse des italienischen Kriegsministers erweckt hatten. Im unteren Drehturm waren zwei 6,5-mm-Fiat-Revelli-MG eingebaut, darüber war ein kleinerer Turm mit einem weiteren leicht herausnehmbaren MG gesetzt. Die Türme wurden auf österreichische 8-mm-MG 07/12 umgerüstet und der Panzeraufbau wegen technischer Mängel des Fahrgestells auf einen Subventionslastwagen Berna-Perl umgesetzt. Er wurde an der Ostfront eingesetzt und gelangte nach Kriegsende in den Besitz der Volkswehr, wo er in der Parade auf der Wiener Ringstraße 1919 mitgeführt wurde. Über den weiteren Verbleib ist nichts bekannt, möglicherweise ist er wie mehrere andere Panzerautos 1921 an Italien ausgeliefert worden.

Ansaldo-Panzerwagen	
Gewicht (kg)	3.800
Panzerung	Seite 6 mm Chromnickelstahl, welcher nur ab 100 m gegen 8-mm-Infanteriegeschosse sicher war
Besatzung	6 Mann

1.5.3 BIANCHI STRASSENPANZERWAGEN

Ebenfalls erbeutet in der 12. Isonzoschlacht, hatte der Bianchi einen oben offenen MG-Turm und einen genieteten Panzerkasten mit einem zweiten MG in der Rückwand. Der Typ dieses Panzerwagens war der erste, der je in einem Krieg eingesetzt wurde, und zwar 1912 in Libyen im Kampf zwischen Italien und dem Osmanischen Reich. Beachtlich sind die Verstärkungsreifen an den Vorderrädern, die ein Einsinken im Sand verhindern sollten. Das Beutefahrzeug blieb 1918 beim Rückzug der k. u. k. Armee aus Norditalien wegen Motorschadens liegen und fiel an Italien zurück.

Als Fahrgestelle wurden beim Straßenpanzerwagen Bianchi 1,5-Tonnen-Lastwagen mit kettenangetriebenen Hinterrädern verwendet. Italien hatte ursprünglich drei verschiedene Versionen entwickelt.

1.5.4 LANCHESTER

Dr. F. W. Lanchester entwickelte am Vorabend des Ersten Weltkrieges einen schnellen und zuverlässigen Panzerwagen, der ein unkonventionelles Profil aufwies. Ursprünglich hatte er die Aufgabe, Feld-Flugplätze zu schützen. Sechsunddreißig Lanchester wurden bis Ende März 1916 fertiggestellt, um damit drei Staffeln der Fliegertruppe der englischen Kriegsmarine (RNAS) auszustatten. Alle diese Staffeln befanden sich im Mai 1915 in Frankreich, eine von ihnen wurde später in die belgische

Die Aufgabenbereiche des Lanchester waren vielfältig: Neben der Aufklärung und der Sicherung eigener Transportwege kam er zudem bei Überfällen auf gegnerische Truppen zum Einsatz.

Armee eingegliedert. Die russische Armee erhielt im Dezember 1915 mindestens 20 Lanchester-Fahrzeuge, 19 von ihnen wurden später mit einem 3,7-cm-Marinegeschütz Hotchkiss anstelle des Vickers-MGs bewaffnet. In den Kämpfen in Galizien wurde von Österreich mindestens ein Lanchester-Panzerwagen erbeutet.
Einige Fahrzeuge waren für das italienische Heer bestimmt und befanden sich ab 1917 in Libyen, wo sie für mehrere Jahre im Dienst blieben.

Der Lanchester-Panzerwagen 4 x 2 hatte einen Sechszylinder Benzinmotor, der eine Geschwindigkeit von 80 km/h ermöglichte. Die Bewaffnung bestand aus einem Vickers-Maschinengewehr, das in einem Drehturm installiert wurde. Die Panzerplatten waren acht mm dick. Die Aufgabenbereiche des Lanchester waren vielfältig: Neben der Sicherung eigener Flugplätze kam er zur Aufklärung und zur Sicherung eigener Transportwege sowie bei Überfällen auf gegnerische Truppen zum Einsatz.

1.5.5 BEUTEFAHRZEUG POPLAVKO-JEFFREY

Im November 1915 versah der russische Offizier Victor Poplavko einen amerikanischen Zwei-Tonnen-Lkw mit einem gepanzerten Aufbau, der aber unbewaffnet war. Das Fahrzeug bewährte sich als Nachschub- und Bergefahrzeug. Im August 1916 beschloss der russische Generalstab, 30 Jeffrey-Lkw in gepanzerte Radfahrzeuge umzubauen. Die Fahrzeuge erhielten einen Aufbau aus 7 mm dickem Panzerstahl und eine Bewaffnung von bis zu vier 7,62-mm-Maxim-Sokolov-MGs. Zum Antrieb diente ein Motor mit 32 Litern Hubraum, die Höchstgeschwindigkeit auf der Straße lag bei 35 km/h. Der Wagen verfügte über einen Allradantrieb. Insgesamt wurden drei Einheiten mit je zehn Fahrzeugen aufgestellt und am 16. Oktober der Südwestfront und der 11. Armee zugeteilt. Im Lauf des Dezember 1916 beteiligten sich 15 Fahrzeuge an Vorstößen und bewährten sich so gut, dass weitere 90 Jeffrey-Lkw für die südwestliche und die rumänische Front umgebaut werden sollten. Geplant war ein monatlicher Ausstoß von 15 Fahrzeugen. Bis Juni 1917 wurde jedoch nur einer fertiggestellt und daraufhin der Auftrag storniert.
In dieser Zeit waren die verbliebenen Fahrzeuge dem russischen XVII. Armeekorps zugeteilt. Zumindest zwei davon fielen beim russischen Rückzug aus Ostgalizien zusammen mit weiteren Radpanzern der k. u. k. Armee in die Hände. Über deren weitere Verwendung ist nichts bekannt.

Diese russischen gepanzerten Fahrzeuge wurden von österreichischen Truppen erobert. In der Mitte der Poplavko-Jeffrey-Radpanzerwagen.

1.5.6 BEUTEFAHRZEUG ISOTTA FRASCHINI RM 1911

Beim Isotta Fraschini RM 1911 handelt es sich vermutlich um den ersten italienischen Radpanzer überhaupt, der aber lediglich in einem, maximal in zwei Exemplaren gebaut wurde. Hersteller war der italienische Luxuswagenhersteller Isotta-Franchini. Da dessen Konstrukteure keine Erfahrung mit Panzeraufbauten hatten, entschieden sie sich dafür, ihren Entwurf auf dem Fahrgestell eines handelsüblichen Lastwagens vom Typ

RM 1911 zu realisieren. Der Name des Chefkonstrukteurs Giustino Cattaneo ist überliefert. Er ließ das 4 x 2 Fahrgestell praktisch unverändert. Als Motor kam der gut eingeführte 40-PS-Motor Typ 14 aus eigener Herstellung zum Einsatz. Es kam zu verschiedenen Umbauten und Weiterentwicklungen an den Prototypen, u.a. wurde ein zweites Maschinengewehr im Heck eingebaut. Bemerkenswert sind die verbreiterten Felgen der beiden Vorderräder, die ein Einsinken in Sand verhindern sollen. Das italienische Militär zeigte kein Interesse an dieser Entwicklung, sodass es zu keiner Serienfertigung kam. Ein Wagen war während des italienisch-türkischen Krieges 1912/13 im Einsatz und wurde dann angeblich wieder nach Italien zurückgebracht, der Panzeraufbau abgebaut und eingeschmolzen und das Fahrgestell wieder in einen serienmäßigen Lkw zurückgebaut. Andererseits ist ein gepanzerter RM 1911 beim 89 I.R. Salerno nachgewiesen. Dieses Fahrzeug wurde offensichtlich von der Lichtbildstelle des k. u. k. Kriegspressequartiers Wien aufgenommen, nachdem es in der 12. Isonzoschlacht in die Hände der Österreicher gefallen war.

Mehr als maximal zwei Exemplare wurden von diesem mutmaßlich ersten italienischen Radpanzerwagen nicht produziert.

1.6 Panzerzüge

Von 1825 bis zum Beginn des 20. Jahrhunderts wuchs das Schienennetz Europas von nahezu Null auf 300.000 Kilometer Länge, und dies trug massiv dazu bei, die neu geschaffenen Massen-Heere zu transportieren und zu versorgen. Während der Aufstandsbewegungen von 1848 baute das österreichische Heer die ersten provisorischen gepanzerten Züge und benutzte sie zur Aufklärung in Richtung der von den Aufständischen besetzten Reichshauptstadt Wien.

Alle Vorteile militärischer Eisenbahnverbindungen entwickelten die Nordstaaten im amerikanischen Bürgerkrieg von 1861 bis 1865. In diesem Krieg waren auch die ersten Panzerzüge zur Streckensicherung eingesetzt. Das volle Potential von gepanzerten Zügen wurde in den Kolonialkriegen Englands ausgeschöpft und erreichte im Burenkrieg seinen Höhepunkt. Aus dieser Auseinandersetzung stammen auch die noch immer weithin gültigen Einsatzgrundsätze gepanzerter Züge. So zum Beispiel die Notwendigkeit, Panzerzügen eine eigene Aufklärungsmöglichkeit zuzuordnen, die von Kavallerie über abzuladende Kettenpanzer bis zu selbstfahrenden Panzerdraisinen reichen konnte. Ebenso die Vorsichtsmaßnahme, vor dem Zug Flachbettwagen mit Oberbaumaterial anzukoppeln, die Minen oder Sprengfallen auslösen sollten, bevor der eigentliche Zug Schaden nehmen konnte. Es kristallisierten sich folgende Aufgaben für Panzerzüge heraus:

- Begleitung und Unterstützung von Infanterie beim Vorgehen gegen den Gegner,
- Flankensicherung und Deckung des Aufmarsches von Infanteriekolonnen,
- Verstärkung von Stützpunkten und Depots an Schienenwegen,
- Eskortservice für normale Versorgungszüge,
- Überwachen von Schienenstrecken bei Tag und Nacht,
- Abfangen gegnerischer Vorstöße und Deckung eines Rückzuges,
- Sicherung von Eisenbahnstrecken für den Nachschub.

Es versteht sich von selbst, dass die Haupteinsatzgebiete von Panzerrügen in Gebieten lagen, die zwar über ein Eisenbahnnetz, aber kaum über Straßen verfügten.

Die k. u. k Monarchie machte im Ersten Weltkrieg von allen Kriegführenden den intensivsten Gebrauch von gut entwickelten und industriell gefertigten Panzerzügen. Den größten Umfang erreichte dieser aber im russischen Bürgerkrieg, in welchem der Einsatz von über 300 Panzerzügen dokumentiert ist.

1.6.1 PANZERZÜGE IN ÖSTERREICH-UNGARN

1914 verfügte die Monarchie im Gegensatz zum Deutschen Reichsheer und dem zaristischen Russland über keine systematisierten Panzerzüge. Erst nach den sehr erfolgreichen Einsätzen provisorischer Panzerzüge, besonders in den Abwehrkämpfen in Galizien und beim Rückzug in die Karpaten, ging man daran in den Werkstätten der ungarischen Staatsbahn MAV acht planmäßig ausgerüstete Panzerzüge zu bauen, die mit römischen Ziffern durchnummeriert waren.

DIE ÖSTERREICHISCH-UNGARISCHEN PANZERZÜGE. STAND JULI 1917/18

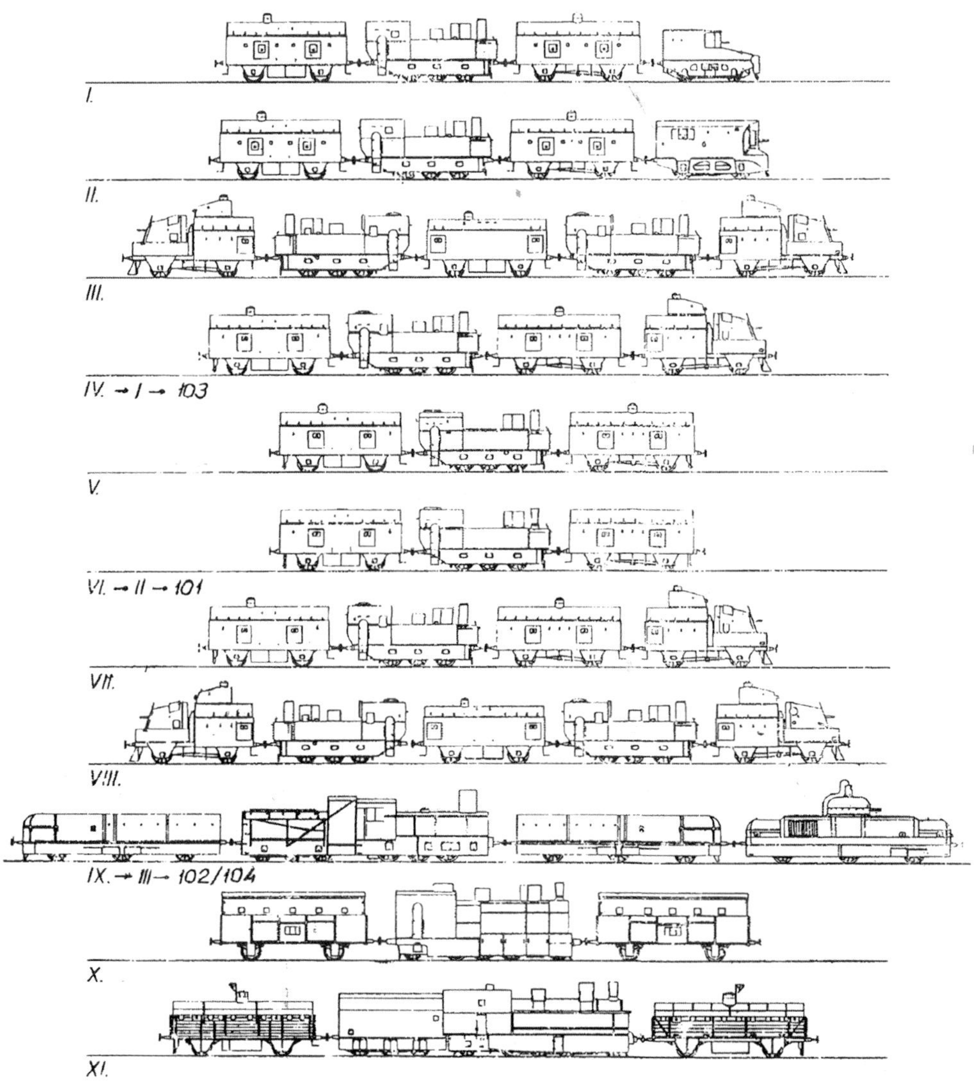

STAND UND NUMERIERUNG DER ÖSTERREICHISCH-UNGARISCHEN PANZERZÜGE 1917/18
nach György Villanyi, Budapest

Einige der provisorischen Züge blieben bestehen bzw. wurden später noch gebaut, sodass im Juli 1916 die Zahl von zwölf Panzerzügen erreicht wurde. Auf der bosnisch-herzegowinischen Landesbahn operierte ein nicht nummerierter Schmalspur-Panzerzug. Der 1919 in Kärnten gegen die Jugoslawen eingesetzte Panzerzug erhielt konsequenterweise die Nummer XIII, wobei hinzuzufügen ist, dass es möglich war, bei den systematisierten Zügen die einzelnen Waggons und Lokomotiven beliebig zu verschieden starken Zügen zu kombinieren.

Die Panzerzüge der Eisenbahnkompanien

Die k.u.k Armee verfügte zu Kriegsbeginn 1914 wie alle europäischen Mächte über hervorragend ausgebildete Eisenbahntruppen, die in der Lage waren, militärisch wichtige Eisenbahnstrecken, deren Infrastruktur und auch rollendes Material zu bauen, zu reparieren oder auch zu zerstören. Sie verfügten über die Monarchie verteilt jeweils über einen lokalen Stützpunkt mit zugehörigen Werkstätten und dort lagerndem Material.

Die Panzerzüge der 15. Eisenbahnkompanie

Die k. u. k. Armee hatte 1914 unter dem Ansturm der russischen »Dampfwalze« in Ostgalizien am Dnjestr Verteidigungsstellungen bezogen. Zu deren Verstärkung baute die 15. Eisenbahnkompanie unter Hauptmann Fritz Schober mit dem lagernden Material der Heizhauswerkstätten in Stanislau den ersten provisorischen Panzerzug.

Eine Lokomotive erhielt an den lebenswichtigen Teilen eine Panzerung aus 8 bis 15 mm dicken Dampfkesselblechen. Vier große Niederbordwagen wurden mit mannshohen umlaufenden doppelten Pfostenwänden versehen, in die Schießscharten für Gewehre und Maschinengewehre eingeschnitten waren. Zwischen den Pfostenwänden sorgte eine Kiesfüllung für erhöhten Schutz. Ein kleiner Niederbordwagen wurde mit Oberbaumaterial und Wagenwinden beladen und als »Controller« vorgespannt.

Im Zuge des weiteren erzwungenen Rückzuges der k. u. k. Armee verlegte der Zug nach Sambor und unternahm von dort einen Vorstoß gegen die russische Front, durchstieß ostwärts von Stanislau die russischen Linien und rückte bis zu den Artilleriestellungen vor, die er erfolgreich bekämpfte. In Stryj deckte er die Räumung der dortigen österreichischen Militärlager und Werkstätten und schlug sich anschließend über die Waldkarpaten nach Ungarn durch, um wieder seine Stammkompanie in Sambor zu erreichen. Bei einem längeren Gefecht mit russischen Truppen wurde der Zug durch starkes Feindfeuer beschädigt. Die Schäden wurden in Sambor ausgebessert und die Bewaffnung verstärkt. In weiteren Einsätzen im Rahmen der 1. österreichisch-ungarischen Armee zwischen

Motorkanonenwagen Schober. (Foto: ÖMG 2003)

Weichsel und San erwies der Panzerzug mehrmals seinen Gefechtswert. Nach einem Entwurf des Hptm Schober baute die Eisenbahnwerkstätte Neu-Sandez einen »Motorkanonenwagen« mit benzin-elektrischem Antrieb von 80 PS und einem Drehturm mit einer 7-cm-Schnellfeuerkanone. Eine absolute Neuheit auf diesem Gebiet, ein sehr mobiler »Eisenbahnpanzer« mit dem Vorteil, ohne Anheizzeit sofort einsatzbereit zu sein. Er verfügte über vier Vorwärts- und Rückwärtsgänge und erreichte auf waagrechter Strecke 40 km/h. Dieser Motorkanonenwagen war ein Vorläufer für die späteren Panzerdraisinen und ergab mit dem anschließend in Neu-Sandez nach den Plänen Schobers gebauten Panzerzug, bestehend aus einer Schlepptenderlokomotive und zwei dreiachsigen O-Wagen, eine sehr erfolgreiche Gefechtsgarnitur. Die Wagen trugen einen niedrigen abgerundeten Panzeraufbau. Als Panzerzug XI systematisiert wurde die Garnitur 1915 ins Etschtal nach Rovereto verlegt und erfolgreich eingesetzt.

Der zweiteilige Panzerzug der k. u. k. 5. Eisenbahnkompanie

Diese Kompanie war in Stryj (Galizien) eingesetzt und baute in den dortigen Werkstätten einen zweiteiligen Panzerzug, bei dem die ersten und letzten Wagen jeder Garnitur eine 7,5-cm-Kanone trugen. Diese Kombination war sehr erfolgreich, so stieß dieser erste Panzerzug mehrmals vor die eigenen Schwarmlinien vor und entlastete die Truppe durch Feuerunterstützung. Der zweite Zugteil sicherte dabei durch ständiges Patrouillieren der Rückzugstrecke die Heimfahrt. Die Werkstätte von Stryj baute nach den Plänen Schobers auch den Panzerzug XII.

Der Panzerzug der 18. Eisenbahnkompanie

Die Kompanie war der Festung Przemysl zugeteilt und unternahm mit einer Lokomotive und zwei behelfsmäßig gepanzerten offenen Wagen täglich Aufklärungsfahrten aus der Festung bis zu 100 km ins Feindgebiet. Der Zug deckte nach der Kapitulation der Festung die Absetzbewegungen der nicht eingeschlossenen Truppe und stand bis zum Dezember 1914 im Dienst.

Die Serienpanzerzüge aus der MAV-Werkstätte Budapest-Nord

Die sehr guten Erfahrungen mit den provisorischen Panzerzügen veranlassten ab Oktober 1914 das k. u. k. Kriegsministerium, die Werkstätte Budapest-Nord der ungarischen Staatsbahnen (MAV) mit dem Bau von acht Panzerzügen zu beauftragen. Sechs Züge sollten leichtere MG-Züge sein. Die zwei schweren Züge besaßen mehrere mit MGs und Schießscharten bestückte Infanteriewagen und zwei Geschützwagen, die mit der 7-cm-(6,6-cm)-Torpedobootskanone L/30 ausgerüstet waren, einem Schnellfeuergeschütz von Skoda. Die leichten Züge verfügten über eine, die schweren über zwei gepanzerte Tenderlokomotiven der ungarischen Baureihe 377. Ein Wagen jedes Zuges enthielt einen Tank mit 4.000 Litern zusätzlichen Speisewassers, der mit einem gepanzerten Schlauch mit der Lokomotive verbunden war. In diesem Wagen waren auch 500 kg zusätzliche Kohle verstaut. Die Tenderlokomotive selbst führte 4.300 l Wasser und 1,5 m^3 Kohle mit, wodurch sich ein Aktionsradius von etwa 100 km ergab. Es waren in die Wagen Sandbehälter eingebaut, die durch Streuung die Adhäsion verbessern konnten. Der Rauch der Lokomotive konnte nach unten zu den Gleisen abgeleitet werden, um die Aufklärung des Zuges zu erschweren. Die Panzerung bestand nach etlichen Beschussversuchen aus zwei Siemens-Martin-Gussstahlplatten. Außen lag eine 12 mm dicke Platte, auf die im Abstand von 40 mm eine 9 mm starke innere Platte folgte. Diese Anordnung war sicher gegen Treffer mit russischen Spitzgeschossen aus nächster Nähe und hielt auch den Splittern von Geschossen leichter Feldartillerie einigermaßen Stand.

Die Infanteriewagen waren mit einer Achspanzerung versehen, jeder Wagen besaß fünf Schießscharten für das MG M07/12 (zwei auf jeder Wagenseite, eins vorne). Der Zug konnte durch Falltüren in den Wagenböden gedeckt bestiegen werden. Die Infanteriewagen verfügten über Dampfheizung und Toiletten. Über den MG-Scharten waren Wasserbehälter mit einer Einrichtung zur Rekondensation des Kühlwasserdampfes der Maschinengewehre angeordnet. An jeder Wagenseite gab es elf (bzw. 15) und an der Stirnseite sieben mit Panzerblenden verschließbare Scharten für das Repetiergewehr M95. Beide Infanteriewagen trugen einen runden gepanzerten Beobachtungsturm auf dem Dach, der vordere Wagen führte zusätzlich einen Schneepflug. Im Dach befanden sich auch Luken zur Fliegerabwehr mit Maschinengewehren. Ein Wagen war mit einem großen Marinescheinwerfer bestückt.

Die Geschützwagen der schweren Züge hatten eine Skoda-7-cm-L/30-Torpedobootskanone in einem gepanzerten Drehturm. Zwischen den zwei Lokomotiven war bei schweren Zügen nur ein Infanteriewagen eingekuppelt, vorne und hinten befand sich je ein Geschützwagen. Die Turmwagen konnten wegen ihrer Höhe nur im Osten eingesetzt werden, wo es keine Tunnels gab.

Maschinengewehrwagen im Panzerzug.

Panzerzug II in Galizien.

Es war üblich, vor jedem Panzerzug eine Reihe von Flachbahnwagen herzuschieben, die mit Schienen, Oberbaumaterial und Winden für allfällige Ausbesserungsarbeiten beladen und so niedrig waren, dass das Schussfeld der eingebauten Waffen nicht beeinträchtigt wurde. Diese Abstoßwagen sollten im Schienenbett versteckte Sprengminen vorzeitig auslösen und konnten mit Sprengstoff und Zündern beladen als rollende Bomben abgestoßen werden.

Der k. u. k. Panzerzug II

Schon im Jahre 1914 operierte zwischen Save und Donau ein behelfsmäßig gepanzerter Zug, der mehrfach zur Abwehr serbischer Übergangsversuche über die Save eingesetzt wurde. Die Besatzung stellte die 1. Gebirgsbrigade. Der Zug wurde in Neusatz (Novisad) abgestellt und bei der Kriegserklärung Italiens 1915 an die Isonzofront verlegt. Es kam zu schweren Gefechten im Isonzotal.

Im August 1915 wurde der Zug umgebaut und mit einer 7-cm- und einer 4,7-cm-Schnellfeuerkanone mit einer Feuergeschwindigkeit von 18 Schuss/min sowie sechs schweren MGs neu bewaffnet. Er wurde zusammen mit dem Panzerzug V im Bahnhof Nabresina 15 km westlich von Triest stationiert und sollte am 13. August in ein Nachtgefecht im Rücken der italienischen Infanterie eingreifen. Da dieses sehr schnell beendet war, entschloss sich Zugkommandant Oberleutnant Scheichelbauer, weiter vorzustoßen und im Dunkeln den von den Italienern besetzten Bahnhof von Monfalcone anzugreifen. Der Panzerzug II löste beim Einfahren in den Bahnhof aus allen Rohren feuernd unter den mit Ausladungen beschäftigten italienischen Truppen Panik aus und konnte, nachdem maximaler Schaden erzielt worden war, unbeschädigt aus dem Bahnhof zurückfahren. Im September griff der Oberleutnant Scheichelbauer das von den Italienern befestigte Tunnelportal des Babinrud-Tunnels an, welches von normaler Artillerie nicht erfasst werden konnte. Die Besatzung stürmte nach einigen Kanonenschüssen den Tunnel, der mit 100 Mann besetzt war, vertrieb die Italiener, machte dabei zehn Gefangene und reiche Beute an Waffen und Ausrüstung, bevor der Zug im Feuer schwerster Geschütze der Sdobba-Batterien an der Isonzo-Mündung nach Görz zurückkehrte. Zur Abwehr der Brussilow-Offensive wurde der Zug anschließend an die Ostfront verlegt und erfolgreich eingesetzt.

Breitspur-Panzerzüge

Nach dem Anfang 1918 geschlossenen »Brotfrieden« mit der Ukraine und um die Lieferung der vereinbarten eine Million Tonnen Brotgetreide zu sichern, war eine Besetzung der Ukraine und die vordringliche Sicherung des Verkehrsnetzes nötig. Da keine Panzerzüge mit russischer Spurweite zur Verfügung standen, wurden behelfsmäßig gepanzerte und bewaffnete Züge aus russischem rollendem Material eingesetzt. Einzelne Lokomotiven, mit je einem Offizier und einem MG-Trupp besetzt, dienten der Sicherung und Aufklärung. Dahinter fuhren die Transportzüge, die in der Mitte feuerbereite MGs bereithielten. Sie beförderten die Kampfeinheiten sowie deren Munition und eine Fahrküche für jede Kompanie. Auf doppelgleisigen Strecken folgte ein gepanzerter Zug auf dem zweiten Gleis. Diese Züge besetzten zuerst Odessa und in der Folge die gesamte

Ukraine. Dabei gab es teilweise heftigen Widerstand bolschewistischer Verbände, die von den Matrosen der nahezu völlig intakten russischen Schwarzmeerflotte unterstützt wurden. Gefechte gab es auch mit Panzerzügen, die die Bolschewisten der regulären russischen Armee abgenommen hatten. Russland hatte im russisch-japanischen Krieg Panzerzüge zur Deckung des Rückzugs verwendet und im Laufe des Ersten Weltkrieges die Panzerzugwaffe weiter ausgebaut, wodurch die Sowjetunion im anschließenden russischen Bürgerkrieg zur führenden Nation im Panzerzugskrieg aufstieg. Gut organisierte Panzerzüge wurden sogar zu Panzerzugsdivisionen zusammengefasst.

1.6.2 ORGANISATION UND VERBLEIB DER PANZERZÜGE

Stand Juli 1916 verfügte die Donaumonarchie über zwölf Panzerzüge, die die lateinischen Ziffern I bis XII trugen. Davon waren acht mit einheitlich gepanzerten ungarischen MAV-Tenderlokomotiven der Serie 377 ausgerüstet. Die Panzerzüge II, IX, X, XI und XII waren improvisierte Bauten aus den Eisenbahnwerkstätten in Stanislau, Neu-Sandez, Stryj (Galizien) und Villach.

Zu jedem Panzerzug gehörte eine Trainstaffel, bestehend aus

- einem Kanzlei- und Offizierswohnwagen,
- zwei Mannschaftswohnwagen,
- einem Werkstätten- und Requisitenwagen,
- einem Küchen- und Proviantwagen und
- einem Munitionswagen.

Die Bewaffnung der schweren Serienpanzerzüge bestand aus zwei 7-cm-Skoda-Schnellfeuerkanonen L/30 und/oder einer 47-mm-Skoda-Schnellfeuerkanone L/33, sechs Maschinengewehren M07/12 und 30 Repetierstutzen M95.

Als Munitionsausstattung wurden für die Kanonen 500 Schrapnellgeschosse, 250 Sprenggranaten und 50 Kartätschgeschosse vorgesehen, außerdem wurden 100 Handgranaten, 10.000 Schuss für jedes Maschinengewehr und 120 Schuss Munition für jedes Repetiergewehr M95 mitgeführt.

Jeder Zug verfügte über Oberbauwerkzeug und -material, Spreng- und

Panzerzug VIII: Ein mit Schnellfeuergeschützen und Maschinengewehren ausgerüsteter Panzerzug der k. u. k. Staatsbahnen bei Zborow.

Zündmittel, Werkstattausrüstung, Beleuchtungs- und Heizungsmaterial, Signalmittel, Sanitätsausrüstung, Küchengerät (Kochkessel und Kochkisten), Gasmasken und Kleinmaterial.
Der Aktionsradius, abhängig vom Kohlen- und Wasservorrat, betrug mindestens 50 und bis zu 100 km. Für das Anheizen der Lokomotive waren drei Stunden vorzusehen.
In Bosnien-Herzegowina operierte zusätzlich ein Schmalspur-Panzerzug.
Die behelfsmäßigen Panzerzüge wurden durch die Eisenbahnkompanien besetzt, die Besatzungen der systematisierten Züge aus Infanteristen, Artilleristen und Pionieren gebildet. Die Eisenbahn-Regimenter stellten pro Panzerzug nur mehr zwei Zugführer, zwei Lokomotivführer und zwei Heizer sowie vier Bremser, mit einem Korporal als Kommandanten. Von der Artillerie kamen pro Geschütz ein Zugführer, ein Vormeister und zwei Kanoniere. Zwei Mann waren für die Bedienung der Scheinwerfer und 18 für die Bedienung der Maschinengewehre vorgesehen. Die durchschnittliche Besatzung eines (schweren) österreichisch-ungarischen Panzerzuges wird mit einem Offizier und 48 Mann angegeben.
Die Panzerzüge wurden je nach Lage einem Armeekommando zugeteilt. Die zunehmend im Grabenkrieg erstarrenden Fronten verminderten mit Fortschreiten des Krieges den Bedarf, und im Juli 1917/18 waren nur noch zwei Maschinengewehrzüge und drei schwere Panzerzüge mit Geschützen aktiv eingesetzt. Allerdings hat die Donaumonarchie bei der Besetzung der Ukraine zusätzlich mehrere Breitspur-Panzerzüge in Betrieb genommen, über die leider zu wenige Daten vorliegen.
In den Abwehrkämpfen vom 29. April bis zum 13. Juni 1919 in Kärnten wurde ein Panzerzug (folgerichtig mit Nummer XIII) mit großem Erfolg eingesetzt, der aber auf alliierte Weisung im Juni 1919 aufgelöst werden musste.
Nach dem Friedensdiktat von St. Germain durfte Österreich keinen Panzerzug behalten. Die vorhandenen Züge wurden wie auch die Donauflotte und die schwere Artillerie auf die Sieger und die zu den Siegern zählenden Nachfolgestaaten aufgeteilt. Nur den Ungarn gelang es, Panzerzüge zu behalten.
Es erhielten:

Jugoslawien:	Panzerzug V
Polen:	Panzerzug III (»Pilsudzyk«) und VIII (»Smialy«)
Ungarn:	Panzerzug I, IV und VII sowie diverses Material der abgestellten Züge
Tschechoslowakei:	Panzerzug II und VI

In den Kämpfen um die Slowakei erbeutete die Tschechoslowakei den Zug VII von den Ungarn, außerdem fügte sie ihrer Panzerzugflotte neu gebaute Skoda-Panzerdraisinen hinzu und baute schließlich auch noch mehrere zusätzliche eigene Züge.
Die österreichischen Panzerzüge in der Tschechoslowakei (1939), in Polen (1939) und Jugoslawien (1942) fielen der deutschen Wehrmacht in die Hände und blieben bis 1945 im Einsatz. Auch Ungarn verwendete seine Panzerzüge bis 1945 weiter. Anschließend gab es eine weitere Verwendung in den Staaten des Warschauer Paktes bis tief in die Zeit des kalten Krieges.

2. Panzerfahrzeuge des ersten Bundesheeres 1936 bis 1938

2.1 Der Zeitraum von 1918 bis zum »Anschluss« 1938

Im Vertrag von St. Germain 1919 wurde von allen Nachfolgestaaten der k. u. k. Monarchie (außer Ungarn) nur das klein gewordene und nach vielen Abtrennungen auf das heutige Staatsgebiet reduzierte Österreich mit der gesamten Kriegsschuld belastet. Die entstandenen Grenzen waren weitgehend unsicher. Die fast nur aus Infanterie bestehende Volkswehr, aus den Überresten des k. u. k. Heeres gebildet, musste sofort bei der Niederschlagung kommunistischer Putschversuche am Gründonnerstag 1919, ab 15. Juni 1919 im Kärntner Abwehrkampf gegen Serbien und 1921 bei der Landnahme des neu gebildeten Bundeslandes Burgenland, das aus der Abtrennung deutschsprachiger Gebiete Ungarns gebildet wurde, eingesetzt werden. Die Soldaten trugen eine dem deutschen Reichsheer ähnliche Uniform, die eine Übernahme in das Heer der Weimarer Republik erleichtert hätte. Der im Parlament beschlossene Anschluss an Deutschland wurde aber in St. Germain und Versailles verboten. Erlaubt wurde ein Berufsheer mit 30.000 Mann, davon maximal 1.500 Offiziere und 2.000 Unteroffiziere, versehen mit zahlreichen Einschränkungen, beispielsweise die Dienstzeit betreffend. Erlaubt wurde nur eine Ausrüstung mit Handfeuerwaffen und leichter Artillerie bis 10,5 cm Kaliber. Verboten wurden unter anderem die allgemeine Wehrpflicht, Flugzeuge, schwere Artillerie (über 10,5 cm), Kampfwagen, Kampfgase, die Bildung eines Generalstabs, eine Rüstungsindustrie, jede Vorsorge für beweglichen Nachschub und sogar der Ausbau bestimmter Straßen, z. B. die Verbindung Salzburg – jugoslawische Grenze durch das Murtal.[7]

Das Panzerfahrzeug Skoda P.A.2 mit seiner 8-mm-Panzerung wurde mit seinen drei bis vier Exemplaren nur bei der Wiener Polizei eingesetzt. Es bot Platz für fünf Mann und besaß bis zu vier 8-mm-MGs.

Die Sozialdemokratie schränkte anfangs die militärische Kommandogewalt durch die Einführung von Soldatenräten beträchtlich ein. Das neue Wehrgesetz vom 18. März 1920 musste die Friedensvertragsbestimmungen in vollem Umfang abbilden.

Im politischen Leben standen sich die durch die Wahlen 1919 an die Macht gekommene Sozialdemokratie und das bürgerliche Lager, welches durch die wirtschaftliche Katastrophe schwerst gelitten hatte, unversöhnlich gegenüber. Die Sozialdemokratie schuf 1923 mit dem »Schutzbund« eine Parteiarmee, die mit bis zu 80.000 Mitgliedern das Bundesheer an Zahl um mehr als das Doppelte übertraf. Die bürgerlichen Parteien antworteten mit der Schaffung von Wehrverbänden wie der Heimwehr, die ihre Stärke hauptsächlich in der Landbevölkerung hatten. Das Land litt unter einer völlig darniederliegenden Wirtschaft und einer damit verbundenen Inflation. Dank einer von Bundeskanzler Seipel verhandelten Völkerbundanleihe in Höhe von 650 Millionen Goldkronen konnte 1924 eine Währungsreform durchgeführt werden, bei der 10.000 Kronen in einen Schilling umgetauscht wurden. Es folgte eine konsequente Hartwährungspolitik, die aber die wirtschaftlichen Möglichkeiten stark einschränkte.

Im Februar 1934 versuchten Teile des Schutzbundes mit einem Aufstand[8] die politische Landschaft zu verändern. Er wurde aber von Polizei und Bundesheer im Verein mit den bürgerlichen Wehrverbänden rasch niedergeschlagen.

Im Sommer 1934 folgte der Juliputsch der Nationalsozialisten, in dessen Verlauf der österreichische Bundeskanzler Dollfuß erschossen wurde. In den Kämpfen gegen SA und SS fielen 23 Bundesheersoldaten, darunter

[7] Um einen möglichen schnellen Durchmarsch von Truppen aus Deutschland nach Jugoslawien, das Mitglied der »Kleinen Entente« war, zu verhindern, wurde der Ausbau dieser Straße verboten. Erst lange nach dem Zweiten Weltkrieg konnte mit dem Bau der Pyhrn-Autobahn diese Verkehrsbehinderung beseitigt werden.

[8] Sorgfältige Forschung (Kurt Bauer 2019) ergab eine Gesamtzahl von 357 Todesopfern, die die früher verwendete Bezeichnung Bürgerkrieg besonders im Vergleich zu Spanien nicht gerechtfertigt erscheinen lässt.

auch Kommandanten der eingesetzten Truppen. Auch dieser Aufstand wurde vom Bundesheer rasch beendet. Die Folge dieser Kämpfe war eine lang fortdauernde Aversion besonders der Arbeiterschaft gegen das Heer, die erst lange nach dem Zweiten Weltkrieg abzuklingen begann.
Von 1934 bis 1936 konnte die Aufhebung eines Teils der Bestimmungen des Friedensvertrages erreicht und unter anderem die allgemeine Wehrpflicht eingeführt werden, wodurch infolge der wesentlichen Kostensenkung im Personalbereich – Wehrpflichtheer statt Söldnerheer – die Beschaffung von schweren Waffen, einer Luftwaffe und von Panzerfahrzeugen ermöglicht wurde.
Schon 1935 wurde die Aufstellung eines Panzerwagenbataillons angeordnet, das 1937 aus vier Kampfwagenkompanien, ausgerüstet mit dem italienischen Leichtpanzer Fiat-Ansaldo M 33/35 (in Italien CV33/35), einer schweren Straßenpanzerwagenkompanie mit drei Zügen des österreichischen ADGZ-Straßenpanzerwagens und einem Zug mit italienischen Fiat-Ansaldo M 30 (ursprünglich Lancia IZ) bestand. Die Beschaffung des mittelschweren schwedischen Panzers Landsverk war im Anlaufen. Von der sehr leistungsfähigen österreichischen Kraftfahrzeugindustrie wurden mehrere gepanzerte geländegängige Radpanzer und Artilleriezugfahrzeuge entwickelt.
Die Firma Saurer konstruierte dem damaligen Trend folgend einen Räder-Raupen-Panzer (RR7), hauptsächlich als Artilleriezugfahrzeug geplant, der im Dritten Reich als Aufklärungsfahrzeug eingesetzt wurde. Von Gräf & Stift wurde ein Räder-Raupenfahrzeug von Landsverk in Lizenz gebaut. Das Projekt wurde dann aber nicht weiter verfolgt.

2.2 Das Militärbudget der Ersten Republik

Die Bestimmungen des Friedensvertrags von St. Germain erzwangen die Aufstellung eines teuren Berufsheeres. Über lange Jahre war die Finanzlage der Republik so schlecht, dass nicht einmal der Rahmen der im Friedensvertrag erlaubten Mannschaftsstärke für das Heer ausgenützt werden konnte.
Durch die Zerschlagung der Monarchie war die junge Republik, nach den zynischen Worten des französischen Präsidenten Clemenceau »le rest« des alten Österreich, von wesentlichen Wirtschaftsteilen abgeschnitten. Die Monarchie Österreich-Ungarn war nämlich ein völlig autarker Wirtschaftskörper gewesen, der ähnlich wie die USA alle nötigen Güter selbst erzeugen konnte und keinerlei Einfuhren benötigte. Die neue Grenzziehung aber brachte den Verlust großer Industrie- und Agrargebiete und Rohstoffquellen mit sich. Im Nachfolgestaat – zuerst als Deutsch-Österreich bezeichnet – gab es beispielsweise keine einzige Zuckerfabrik, keine Steinkohle, eine unterentwickelte Landwirtschaft, die nur 1/3 des Nahrungsbedarfes decken konnte und nicht genügend Getreide und kaum Fettstoffe produzierte, dafür aber sehr große und

Spatenstich für die Hermann-Göring-Werke in Linz, 1938.

leistungsfähige Lokomotivfabriken und mehrere Großbanken. Acht der großen Rüstungsbetriebe der Monarchie lagen im Rest-Österreich, davon die vier größten, das Wiener Arsenal, die riesige Munitionsfabrik in Wöllersdorf, die Pulverfabrik Blumau und die Luftschifffabrik in Fischamend in Niederösterreich. Sie konnten mit tausenden Arbeitern und modernster Ausrüstung Produkte erzeugen, die niemand mehr brauchte. Die Erste Republik wurde von großen Teilen der eigenen Bevölkerung als nicht lebensfähig angesehen. Eine ungeheure Inflation lähmte die Geldwirtschaft. Durch eine Anleihe des Völkerbundes gelang um 1924 eine fortschreitende Stabilisierung der Finanzen und der Umstieg auf eine solide Währung (Schilling = »Alpendollar«). Trotzdem war die innenpolitische Lage mehr als unsicher. Die völlig zerstrittenen politischen Parteien hielten sich Privatarmeen, die zahlenmäßig wesentlich stärker waren als das Bundesheer. Sowohl der Aufstand eines Teils des sozialistischen Schutzbundes im Februar 1934 als auch der nationalsozialistische Aufstand im Sommer 1934 wurden rasch niedergeschlagen, sie spalteten aber die Bevölkerung und waren in ihren Auswirkungen bis weit nach 1945 spürbar. Mehrere aufeinanderfolgende Regierungen versuchten die Währung stabil zu halten. Es wurde faktisch nichts investiert. Nach dem Anschluss an Hitler-Deutschland deckten die erbeuteten Gold- und Devisenreserven Österreichs (2,7 Milliarden Schilling) die gesamten Auslandsschulden Deutschlands und die österreichische Industrie schulterte einen beträchtlichen Teil der deutschen Rüstungserfordernisse.

2.3 Panzerfahrzeuge in der Ersten Republik in Entwicklung

2.3.1 LEICHTER PANZERWAGEN ADKZ

Der ADKZ im Gelände.

1934 wurde vom Verteidigungsministerium der Bedarf der Jägerbataillone für einen leichteren Panzerwagen mit nur zwei Mann Besatzung festgestellt. Das Fahrzeug sollte voll geländegängig sein. Die Steyrwerke stellten 1936 einen Prototyp mit drei Achsen vor, der aber schwerwiegende Mängel aufwies: Der ADKZ war nicht kletterfähig, die Kühlfläche des Kühlers musste vergrößert werden, zwischen Motorraum und Kampfraum war eine Schottwand vorzusehen.

Der Dreiachser hatte Allradantrieb und verfügte über ein hydraulisches Turbo-Getriebe. Er konnte vor- und rückwärts gleich schnell fahren, besaß aber nur einen Fahrersitz. Ein binokulares Fahrerfernrohr mit Rückblickeinrichtung ermögliche eine ungehinderte Sicht nach vorne und hinten. Die Optikumschaltung war mit der Lenkung und der Umschaltung des Wendegetriebes gekoppelt, sodass der Fahrer ohne Änderung der Körperlage das Fahrzeug in beide Richtungen lenken konnte. Das Umschalten konnte in Sekunden ohne Stillstand des Wagens erfolgen. Motor, Getriebe, Kühler und Kühlergebläse lagen zwischen den Hinterrädern, der Kampfraum mit Drehturm lag in bester ruhiger Position zwischen den Achsen. Der Fahrer saß zwischen den Vorderrädern.
Die Fahrzeugbesatzung betrug normalerweise drei Mann, in Sonderfällen vier. Als Bewaffnung waren ein 2-cm-Tankgewehr und ein sMG 07/12 vorgesehen, geplant war eine 4,7-cm-Infanteriekanone M35. Für die Normalbewaffnung waren 150 Schuss 2-cm- und 3.000 Schuss 8-mm-Munition sowie 2.000 Schuss für die zwei 9-mm-Maschinenpistolen der Besatzung vorgesehen. Die maximale Panzerstärke betrug 14 mm, bei einer Mindestfestigkeit von 180 kg/mm^2. Der ganze Aufbau sollte auf 50 m gegen SmK-Munition (Spitzgeschoss mit Hartkern) sicher sein. Die Motorleistung lag bei 120 PS aus fünf Litern Hubraum. Als Funkgerät war die Kapsch-1-W-M38p-Kleinfunkstation vorgesehen.
Nach Behebung der Mängel und Festlegung der Einbauten wurden elf

Stück bestellt. Bis März 1938 wurde aber nur ein Fahrzeug geliefert, welches an die Versuchsanstalt des deutschen OKH, Abt. WaPrüf, in Kummersdorf ging.
Aufgrund der Erprobung des Prototypfahrgestells war der Ausbau zu einem Artillerie-Zugwagen oder die Entwicklung zu einem Straßenpanzerwagen in Aussicht genommen worden. Die deutsche Wehrmacht hatte jedoch für diese Typen keinen Bedarf, und so wurde das Projekt eingestellt.

2.3.1 LEICHTER PANZERWAGEN ADKZ

Panzerwagen ADSK (Serienausführung)	
Hersteller	Steyr-Daimler-Puch AG
Gefechtsmasse (kg)	3.200
L/B/H (mm)	4.500/2.470/2.020
Spurweite v/h (mm)	1.475
Radstand (mm)	2.250
Motor	Steyr L 43 4-Zylinder Reihenmotor mit 3,6 Litern Hubraum und 60 PS
Leistungsgewicht (PS/t)	18,75
Höchstgeschw. (km/h)	75
Bereifung	Einzelbereifung 10,50-16
Besatzung	4 Mann
Bewaffnung	IMG M 30 in Kugelblende neben dem Fahrer
Panzerung (mm)	14,5
Bauzeit	1937–39

Der ADSK, ein Zweimannpanzer, war für die Aufklärungszüge der Jägertruppe geplant.

Zusätzlich zum dreiachsigen ADKZ stellen die Steyrwerke einen zweiachsigen Panzerwagen ADSK vor, von dem tatsächlich eine 0-Serie von fünf Fahrzeugen Ende 1937 ausgeliefert wurde. Es handelte sich um einen 3.200 kg schweren Panzerwagen mit Allradantrieb und einem selbsttragenden Panzergehäuse von 7 mm Stärke. Das Austro-Daimler-Viergang-Schubgetriebe mit Untersetzungsgetriebe erlaubte eine Geschwindigkeit von 75 km/h. Über der Fahrersehklappe war eine Rückblickoptik angebaut, die dem Fahrer ein kontrolliertes Rückwärtsfahren erlaubte. Die Fahrzeuge sollten einen dritten leichten Zug der Panzerwagenkompanie bilden oder waren für die Aufklärungszüge der Jägertruppe vorgesehen. Das Projekt wurde nicht weiterverfolgt.

2.4 Panzerfahrzeuge in Verwendung

2.4.1 PANZERWAGEN ADGZ (AUSTRO-DAIMLER-GELÄNDE-ZUGWAGEN)

Die Austro-Daimler-Puch-Werke boten 1931 dem Bundesheer ein Fahrgestell für einen geländegängigen dreiachsigen Artilleriezugwagen oder Aufklärungspanzerwagen an. Das Bundesheer suchte damals nach einem schweren Straßenpanzerwagen, der auch für Sicherungsaufgaben im Inneren eingesetzt werden konnte. Nach mehrfachen Änderungswünschen wurden ein Prototypfahrgestell für Oktober 1934 und zwölf

Das 12-Tonnen-Fahrzeug verfügte über einen Sechszylinder-Ottomotor von Austro-Daimler mit 100 PS Leistung, der ihm eine Höchstgeschwindigkeit von 70 km/h ermöglichte.

Austro-Daimler Gelände Zugfahrzeug (ADGZ)	
Hersteller	Austro-Daimler-Puch A.G.
Gefechtsmasse (kg)	12.000
L/B/H (mm)	6.260/2.180/2.564
Spurweite v/m/h (mm)	1.450/1.950/1.450
Bereifung v/h	Semperit Mammut 1600-20/1620-22
Motor	Austro Daimler 6-Zylinder-Ottomotor M612 mit 150 PS
Reichweite (km)	330 km (Straße)
Höchstgeschw. (km/h)	70
Leistungsgewicht (PS/t)	12,5
Besatzung	4-6 Mann
Bewaffnung	20-mm-Tankgewehr M.35 L/45 Rheinmetall-Solothurn mit 10 Magazinen, ein 8-mm-MG 07/12, 2 lMG 30, ab 1938 drei MG 34 7,92 mm
Panzerung (mm)	11
Baujahr	1935 und 1942
Bauzeit	1937–39

Serienfahrzeuge mit Anlauf April 1934 bestellt. Die Panzerung sollte bei allen wichtigen Zonen vollen Panzerschutz gegen 8-mm-Geschosse bieten, das Fahrgestell sollte durch eine weitere Achse auf eine 8-Rad-Ausführung erweitert werden.

Der daraufhin vorgestellte verbesserte ADGZ verfügte über zwei Fahrer. Das Fahrzeug konnte gleichermaßen gut vorwärts und rückwärts fahren und besaß eine hervorragende Geländegängigkeit. Der Drehturm in der Mitte war mit einem 20-mm-Tankgewehr bewaffnet. Es handelte sich um eine Automatikwaffe von Rheinmetall-Solothurn mit Magazinzuführung für den Einzelschuss. Parallel dazu war ein schweres 8-mm-MG 07/12 eingebaut, je ein weiteres 8-mm-MG 30 befand sich in Bug und Heck. Zusätzlich gab es Schießscharten für Handfeuerwaffen. Die Besatzung verfügte über Maschinenpistolen. Der Panzerwagen hatte Allradantrieb mit einem hydraulischen Getriebe und wurde durch einen Austro-Daimler-Sechszylinder-Otto-Motor mit 150 PS angetrieben.

Zu den vom Bundesheer bestellten zwölf ADGZ kamen acht für die Gendarmerie und sechs für die Bundes-Sicherheitswache dazu. Die Fahrzeuge wurden 1935/36 ausgeliefert und stellten im Bundesheer innerhalb des neu gebildeten Panzerwagenbataillons eine schwere Straßenpanzerwagenkompanie.

Beim Anschluss Österreichs an Deutschland 1938 wurden alle ADGZ an die deutsche Polizei übergeben, wo sie als »Polizei-Panzerkampfwagen ADGZ« liefen. Die österreichischen MG 07/12 und die MG 30 wurden durch deutsche MG 34 ersetzt. Die 20-mm-Solothurn-Kampfwagenkanone wurde beibehalten und erhielt eine Munitionsdotation von 100 Schuss. Der erste Einsatz erfolgte in den Kämpfen um Danzig. Drei ADGZ nahmen am Angriff auf die Westerplatte teil, der den Zweiten Weltkrieg eröffnete. Die SS war von diesem Fahrzeug derart eingenommen, dass sie 1942 25 Stück ADGZ bei Steyr-Daimler-Puch bestellte, was zu einer Auseinandersetzung zwischen dem Reichsführer SS und dem Chef der Heeresrüstung führte, weil der Auftrag unter Umgehung des vorgeschriebenen Dienstweges erteilt worden war. Die SS setzte die Fahrzeuge im Osten und später in Jugoslawien zur Partisanenbekämpfung ein, meist im Rahmen der 7. SS-Freiwilligen-Gebirgs-Division »Prinz Eugen«.

Ein Straßenpanzerwagen der schweren Straßenpanzerkompanie bei einer Parade auf der Wiener Ringstraße, vermutlich 1937.

Die schweren Straßenpanzerwagen ADGZ des österreichischen Bundesheeres wurden von der deutschen Polizei übernommen und in Danzig eingesetzt.

2.4.2 RÄDER-RAUPEN PANZER RR7

Dem damaligen Trend und einer Idee des amerikanischen Panzerbauers Christie folgend, arbeiteten die österreichischen Saurer-Werke zusammen mit dem Kriegstechnischen Amt seit 1930 an einem »RR7« genannten Räder-Raupen-Artilleriezugwagen, der auf der Straße mit Rädern

Der Räder-Raupen-Panzer der Österreichischen Saurerwerke AG wurde als »mittleres gepanzertes Beobachtungsfahrzeug« den Panzer-Artillerie-Abteilungen der Wehrmacht zugeteilt. Das komplizierte Fahrgestell entsprach nicht den Erwartungen und wurde nicht weiter gebaut. Der Saurer-Räder-Raupen-Panzerwagen war das einzige Fahrzeug dieser Art in der Deutschen Wehrmacht.

Der Prototyp des Räder-Raupenfahrzeugs RR7 zieht vor einer Wertungsfahrt Ersatzteile und Reservematerial in einem Anhänger mit.

Mittlerer gepanzerter Beobachtungskraftwagen RR7 (später Sd.Kfz. 254)	
Hersteller	Saurer Werke AG
Gefechtsmasse (kg)	6.400
L/B/H (mm)	4.500/2.470/2.020
Spurweite v/h (mm)	2.000/1.000 (Kette: 1.260)
Reifendimension	8,25 - 20
Motor	Saurer »CRDv« mit 70 PS, Diesel
Leistungsgewicht PS/t	10,9
Höchstgeschw. km/h	60
Besatzung	4 Mann
Bewaffnung	nach Verwendung
Panzerung mm	14,5
Bauzeit	1937–39

Die für das österreichische Bundesheer geplante Ausführung des Saurer RR als Artilleriezugmaschine kam nicht zur Ausführung, weil die Wehrmacht über genügend solcher Zugfahrzeuge verfügte.

und im Gelände mit den Raupen fahren sollte. Bei diesem Fahrzeug konnte die Umstellung sogar bei langsamer Fahrt erfolgen. Vorgesehen war neben der Verwendung als Artilleriezugmaschine auch eine solche als Fahrgestell für einen leichten Panzer. Nach zufriedenstellenden Versuchen mit einem Prototyp bestellte das österreichische Bundesheer 160 Stück RR7-Räder-Raupen-Artilleriezugwagen. Nach dem Anschluss Österreichs 1938 wurde die Bestellung auf 140 Stück in einer Ausführung als »mittlerer gepanzerter Beobachtungskraftwagen Sd.Kfz.254« reduziert und in die Wehrmacht übernommen.[9] Diese Ausführung wurde gewählt, weil die deutsche Wehrmacht bereits über mehrere Artillerie-Zugfahrfahrzeuge verfügte und keinen weiteren Bedarf hatte. Der Panzeraufbau wurde von Daimler-Benz geliefert. Das Fahrzeug war mit einem Sechszylinder-Dieselmotor von Saurer ausgestattet und hatte eine Drei-Mann-Besatzung. Ein Anschlussmodell eines leichten Räder-Raupen-Panzers mit Drehturm, der von Daimler-Benz geliefert hätte werden sollen, wurde nur als Prototyp in Weicheisenausführung gebaut und offenbar nicht weiterverfolgt.

2.5 Ausländische Panzerfahrzeuge

2.5.1 RADPANZER FIAT-ANSALDO II/M 30

Im März 1934 beschaffte Österreich vier Fiat-Ansaldo-II/M 30-Straßenpanzerwagen aus Italien. Der Panzerwagen besaß nur noch einen Drehturm, in dem zwei Schwarzlose 8-mm-MGs M7/12 eingebaut worden waren, ein weiteres MG konnte aus einer Schartenblende in der Rückwand feuern. Dieser Typ war der nahezu unveränderte Ansaldo IZM, von dem Italien im Ersten Weltkrieg 1915 etwa 20 Stück eingeführt hatte. Davon erbeutete die k. u. k. Armee ein völlig unbeschädigtes Exemplar während der 12. Isonzoschlacht und verwendete es weiter. Dieses Fahrzeug besaß einen flachen Drehturm mit zwei 6,5-mm-Fiat-Revelli-MGs und darauf aufgesetzt einen weiteren kleineren Drehturm mit derselben Waffe.
Ab 1917 wurde in Italien eine weitere Serie von 110 Wagen ohne den aufgesetzten kleinen Drehturm produziert, und der große Drehturm wurde mit einem französischen 8-mm-Etienne-MG bestückt. Pro Fahrzeugseite gab es drei Schießscharten, aus denen mit leichten MGs gefeuert werden konnte. Dieser veraltete Straßenpanzerwagen blieb bis zum Zweiten Weltkrieg in Gebrauch und wurde später in Äthiopien und im spanischen Bürgerkrieg eingesetzt.

Fiat-Ansaldo-Straßenpanzerwagen II/M 30	
Hersteller	Fahrgestell Lancia bzw. Fiat; Aufbau Ansaldo, Italien
Gefechtsmasse (kg)	4.300
L/B/H (mm)	5.400/1.840/2.400(ohne aufgesetzten zweiten Turm)
Spurweite (mm)	1.425
Reifendimension	Pirelli 9356 x 135
Motor	4-Zyl.-Ottomotor, Wasserkühlung, 40 PS, 4.960 cm^3
Leistungsgewicht (PS/t)	8,4
Höchstgeschw. (km/h)	60
Fahrbereich (km)	200 (Straße)
Besatzung	5 bis 6 Mann
Bewaffnung	drei 8-mm-MG M7/12
Panzerung (mm)	6
Bauzeit	1928

[9] Einer Anfrage bei dem Steyr-Werk Wien um 1970 ist zu entnehmen, dass die amerikanische Armee einen RR7 aus dem Beutebestand an Deutschland zurückgegeben hat.

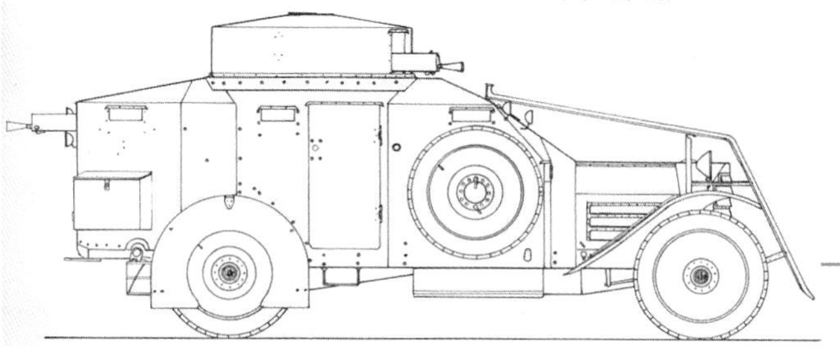

Der Fiat-Ansaldo-Straßenpanzerwagen war der unveränderte Weiterbau des Ansaldo-Modells von 1915. Das Bundesheer beschaffte vier Stück, verfolgte das Projekt wegen der veralteten Konstruktion und der zu schwachen Panzerung aber nicht weiter.

Im österreichischen Bundesheer erhielt jedes der vier Kraftfahrjägerbataillone einen Ansaldo M 30 zugeteilt. Versuche im September 1934 ergaben, dass die Panzerung auf 100 m nicht mehr gegen normale 8-mm-Spitzgeschosse sicher war. Durch den mittlerweile erfolgten Zulauf des gut gepanzerten vierachsigen ADGZ zur Truppe wurden keine weiteren Bestellungen getätigt. Über den Verbleib dieser Fahrzeuge nach der Übernahme durch die deutsche Wehrmacht konnte nichts in Erfahrung gebracht werden. 1943/44 wurden jedenfalls eine Reihe von Lancia-Fahrzeugen als Polizei-Panzerkraftwagen zur Partisanenbekämpfung in Istrien eingesetzt.

2.5.2 LEICHTER KAMPFWAGEN FIAT ANSALDO CV (»CARRO VELOCE«) 33/35

Die Erzeugung von Waffen, die im Friedensvertrag verboten worden waren, nämlich Panzerfahrzeugen, schweren Haubitzen und Kampfflugzeugen, war am Ende der 1930er Jahre technisch im Inland nicht mehr möglich. Das österreichische Bundesheer ließ daher in Italien wegen des Ankaufs des Zwei-Mann-Vollketten-Panzers CV 33 anfragen. 1935 wurden 15 solcher Panzerwagen als erste Lieferung bestellt.

Dieser Leichtpanzer basierte auf dem englischen Carden-Loyd-Fahrgestell Mark VI, dessen Patent Italien erworben hatte. Er wurde ein großer Exporterfolg, auch wegen seiner geringen Kosten. In der Mitte der 1930er Jahre hatte Italien 750 Stück CV 33 fertiggestellt. Der Typ CV 33 wurde 1938 durch den CV 35 abgelöst, der statt eines geschweißten einen genieteten Panzeraufbau besaß. Nach heutiger Erkenntnis war das ein Rückschritt. Der Kampf gegen andere Panzer war mit diesem Fahrzeug nicht möglich und in Italien offenbar auch nicht geplant.

Der geschlossene Panzerkasten, der allseitig gegen 8-mm-Stahlkernmunition sicher sein sollte, war durch ein Schott in Motorraum und Kampfraum geteilt. Fahrer und MG-Schütze konnten durch zwei große rechteckige Panzerklappen im Fahrzeugdach einsteigen und hatten durch eine

Leichter Kampfwagen M 33/35	
Hersteller	S.A. Ansaldo, FIAT
Ursprungsland	Italien
Ursprungsbezeichnung	Carro Veloce 33 bzw. 35
Gefechtsmasse (kg)	3.200
L/B/H (mm)	3.175/1.540/1.285
Spurweite (mm)	1.220
Motor	SPA »CG 3-005«
Leistung (PS/min^{-1})	43/2.400
Leistungsgewicht (PS/t)	13,4
Geschw. Straße/Gelände (km/h)	43/15
Fahrbereich (km)	120
Steigfähigkeit (%)	45
Besatzung	2 Mann
Panzerung Wanne v/s/h (mm)	13,5/8,5/6
Bewaffnung	8-mm-MG 7/12
Bauzeit	1933–1938

Schotttür im Inneren des Fahrzeuges Zugang zum Motorraum. Der 2,9-l-Motor war vom Ford-T-Pkw abgleitet, leistete 43 PS und erbrachte eine Höchstgeschwindigkeit von 42 km/h, für die damalige Zeit außer-

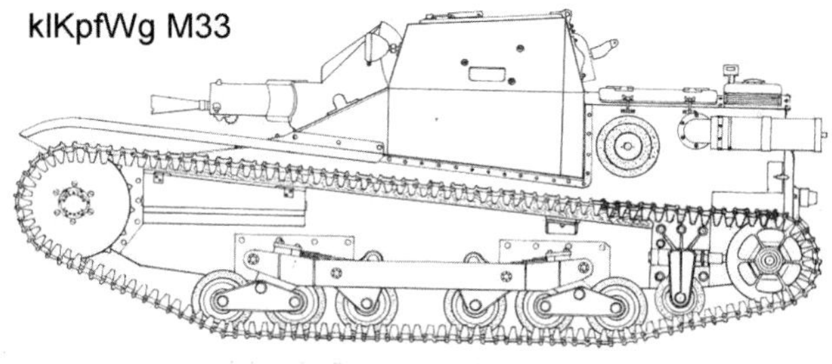

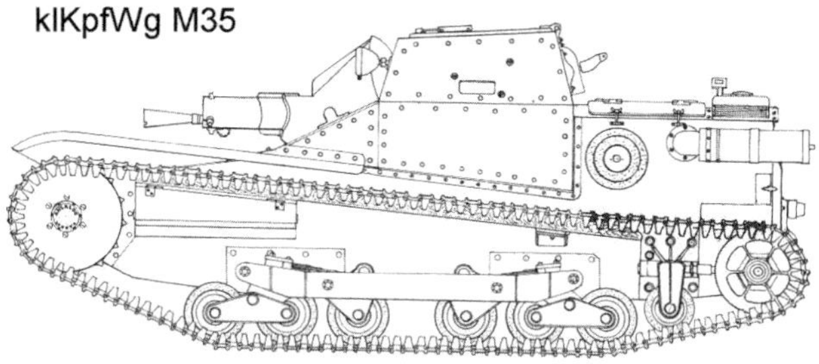

Die im Bundesheer eingeführten Ausführungen des »carro veloce«. Oben CV 33/II, Mitte CV 35/I. Das Modell CV 35 besaß eine genietete Panzerung, nach heutigem Begriff ein Rückschritt. Nach mehreren Versuchen war ein befriedigender Einbau des MG 07/12 gelungen.

ordentlich hoch. Er musste entweder von außen oder von innen mit Hilfe einer Handkurbel gestartet werden.

Da das italienische 6,5-mm-Fiat-Revelli-MG des CV 33 den Anforderungen des Bundesheeres nicht entsprach, wurden österreichische 8-mm-M7/12-Schwarzlose-MGs eingebaut. Diese Lösung hatte auch Bulgarien gewählt. Sie war auch deswegen sofort verfügbar, weil Italien erbeutete österreichische 8-mm-MGs in den Kolonien verwendete und sie zur Verfügung standen. Es bedurfte allerdings mehrerer Anläufe, bis MG-Einbau und Sichtverhältnisse für den Schützen zur Zufriedenheit gelöst waren. Zum besseren Schutz des MGs erhielt es einen zweiteiligen gepanzerten Wasserkühler über dem Kühlwassermantel. Zusätzlich wurden Halterungen für die Maschinenpistole M34 angebracht.

Das Bundesheer rüstete die 1. und 2. Kampfwagenkompanie des Panzerwagenbataillons der Leichten Division mit den als M 33 bezeichneten CV 33 (Carro Veloce) aus. Die Panzerteile waren von der Fa. Böhler nach Italien geliefert worden. 1936 und 1937 wurde eine 3. und 4. Kompanie mit dem folgenden Modell CV 35 mit genietetem Panzerkasten aufgestellt. Da es sich bei dem Carro Veloce nicht um einen Panzer, sondern eher um einen MG-Träger (Tankette) handelte, dürfte er vom Bundesheer immer nur als Zwischenlösung betrachtet worden sein. Das begrenzte Seitenrichtfeld war besonders im Gebirge hinderlich. Im Krieg gegen Äthiopien konnte deshalb ein Zug von sechs CV 33 von den äthiopischen Kriegern am Dembeguina Pass in einen Hinterhalt gelockt und vernichtet werden. Die Bedenken gegen den CV 33 wurden sicher durch das miserable Abschneiden des CV 33 im spanischen Bürgerkrieg bestätigt, wo in der Schlacht von Guadalajara im Februar 1936 die CV 33 der »Commando Truppe Volontarie« der italienischen »Schwarzer Pfeil«-Division (mit einem Bestand von 80 CV 33) durch eine sehr viel kleinere sowjetische Panzertruppe mit T-26- und BT-5-Panzern fast mühelos eliminiert wurde. Der T-26 und der BT-5 waren Lizenzbauten des englischen Vickers-Armstrong-6-Tonnen-Kampfwagens. Sie waren mit einer 4,5-cm-Hochgeschwindigkeitskanone bewaffnet. Ein MG-Träger wie der CV 33 stellte sich im Panzerkampf als völlig wertlos heraus.

Flammenwerferpanzer dürften von Österreich zwar bestellt worden sein, kamen aber nicht mehr zur Auslieferung.

Nach dem Anschluss Österreichs 1938 übernahm die Wehrmacht die vorhandenen 74 CV 33/35, rüstete sie auf das MG 34 um und verwendete sie als erste Ausstattung des in Panzer-Abteilung 33 der 4. leichten Division umbenannten österreichischen Panzerwagenbataillons. Ab Januar 1940 wurde daraus die 9. Panzerdivision. Nach der Umrüstung dieser Einheit auf deutsche Panzer wurden die CV 33/35 als Ausbildungsfahrzeuge und Munitionsschlepper eingesetzt und blieben bis Kriegsende in Verwendung, zumal den deutschen Streitkräften nach der Kapitulation Italiens 1943 weitere 148 Fahrzeuge in Italien und 37 Stück am Balkan in die Hände gefallen waren. Außerdem produzierte Fiat im deutschen Auftrag weiter.

2.5.3 PANZERKAMPFWAGEN L60 (A.B. LANDSVERK)

Die Ausrüstung mit dem Leichtpanzer CV33/35 war vom Bundesheer offensichtlich nur als Übergangslösung gedacht, weil besonders die Bewaffnung mit nur einem MG ohne Drehturm zu Recht als unzureichend angesehen wurde. Im spanischen Bürgerkrieg demonstrierten russische Panzer die Überlegenheit einer Kanonenbewaffnung.
So wurde bereits 1936 aus Schweden der Kampfwagen L60 von Landsverk in Landskrona angekauft. Diese Firma arbeitete eng mit Krupp zusammen. Der L60-Panzer verfügte über einen geschweißten Panzeraufbau mit Drehturm, in dem eine 20-mm-Kanone eingebaut war. Wahlweise konnte auch eine 37-mm-Kanone parallel zu dem 8-mm-MG eingebaut werden und erfüllte damit eine der Hauptforderung des Bundesheeres. Mit einer Drei-Mann-Besatzung war der Landsverk zu dieser Zeit eines der fortschrittlichsten Fahrzeuge in Europa.
Beachtlich ist die Motorleistung pro Tonne Gewicht, die zu den höchsten jener Zeit gehörte, ebenso die Geschwindigkeit von fast 50 km/h. Interessanterweise besaßen in dieser Zeit eher kleine Staaten die Produktionsmöglichkeit für funktionstüchtige Panzer (Schweden, Tschechoslowakei). In den großen Staaten Europas war noch kein richtungsweisendes Kampffahrzeug in Entwicklung. Die wenigen wirklich brauchbaren Panzer, etwa der SOMUA S 35 in Frankreich, waren für den Export nicht freigegeben.
Für das in Schweden bestellte Fahrzeug wurde die Panzerung von Böhler in Kapfenberg geliefert. Als Motor wurde der Achtzylinder-V-Motor von Büssing NAG verwendet, der 160 PS leistete und über eine Gelenkwelle ein vorne liegendes Fünfganggetriebe und über ein Kupplungsgetriebe die vorne liegenden Kettenräder antrieb. Die Lenkung erfolgte über ein Planetengetriebe. Das Laufwerk mit vier Laufrädern und tiefliegendem Leitrad war Vorbild für jenes des späteren deutschen Panzerkampfwagens I.
Die Bewaffnung für den bestellten Panzer war wie folgt:

- eine 20-mm-Maschinekanone von Madsen, beweglich in einer Landsverk-Walzenblende eingebaut. Dazu waren 15 Magazine zu je 15 Granaten im Turm unterzubringen, in Summe gab es 300 Granaten;
- ein 8-mm-MG Madsen, eingerichtet für die österreichische 8-mm-Infanteriepatrone mit Gurtzuführung und elektrischer Abfeuerung. Mitgeführt werden sollten 25 Gurtverschläge zu je 100 Schuss.

Reserveteile und Werkzeuge waren für alle Waffen vorhanden. Der Treibstoffverbrauch wurde mit 150 Litern Benzin und 5 Litern Öl für 100 km ermittelt. Der Landsverk konnte sich durchaus mit dem russischen BT5 vergleichen, der sich im spanischen Bürgerkrieg als der beste Panzer der 1930er-Jahre herauskristallisiert hatte. Auch Ungarn und Irland kauften den Landsverk 60, in Ungarn wurden 100 Stück in Lizenz gefertigt. Nach dem Anschluss Österreichs 1938 wurde das Projekt Landsverk von der Wehrmacht nicht weiterverfolgt. Über den Verbleib dieses Panzers ist nichts bekannt.

Panzerkampfwagen L60	
Hersteller	A.B. Landsverk
Ursprungsland	Schweden
Gefechtsgewicht (kg)	6.800
L/B/H (mm)	4.610/2.040/1.850
Motor	Büssing-NAG/L Achtzylinder-V
Leistung (PS/min^{-1})	160/3.000
Leistungsgewicht (PS/t)	23,5
Geschwindigkeit Straße (km/h)	48, wegen Problemen mit der Lenkung provisorisch auf 30 reduziert
Kettenbreite (mm)	220 mit 127 Gliedern
Besatzung	3 Mann
Kletterfähigkeit (mm)	650
Überschreitfähigkeit (mm)	1.500
Bodenfreiheit (mm)	350
Panzerung (mm)	Wanne und Turm 13 allseitig, Boden und Dach 6, Verbesserung der Schutzwirkung durch Schrägstellen der Panzerplatten angestrebt
Bewaffnung	20-mm-Madsen-Kanone mit 240 Schuss, 8-mm Madsen-MG, adaptiert für die österreichische Patrone, mit 3000 Schuss im Panzer
Baujahr	1936

1936 kaufte Österreich den Panzerkampfwagen L60 von Landsverk.

2.6 Panzerzüge der Ersten Republik

Panzerzug XIII bei einem Einsatz in Kärnten.

Die Aufrüstungsmaßnahmen ab Mitte 1933 umfassten auch die Beschaffung von sechs Behelfspanzerzügen, die aus zwei notdürftig geschützten oben offenen Wagen und einer ungepanzerten Lokomotive der Reihe 30 bestanden. Die Hochbordwagen verwendeten zum Schutz eine 30 cm dicke Schotterschicht, die zwischen Bordwand und einer hölzernen Innenwand eingebracht war, sowie Sandsäcke und Schutzschilde. Jeder Panzerzug verfügte über zwei Abstoßwagen. Die Besatzung bestand aus einem Offizier und 17 Soldaten, denen eine Bewaffnung von je zwei schweren MGs 07/12 und zwei leichten Maschinengewehren M 30 zur Verfügung stand.
Ein erster Einsatz der Behelfspanzerzüge erfolgte im Februar 1934. Der sozialistische Schutzbund hatte die großen Gemeindebauten, die die wichtigsten Bahnlinien Wiens beherrschten, zur Verteidigung vorbereitet. Der riesige Karl-Marx-Hof sperrte auf mehreren Kilometern Länge die Franz-Josefs-Bahn, an der mehrere Orte mit Bundesheer-Garnisonen lagen. Der Gemeindebau »Gartenstadt« in Floridsdorf kontrollierte die Nordwest-Bahn, der Engelshof und der Schlingerhof die Nordbahn und der Julius-Popp-Hof die Südbahn.
Nachdem es zu einer ersten Kampfhandlung in Linz gekommen war, beschloss ein geheimes Komitee der Sozialdemokratischen Partei den Generalstreik und gab damit das Signal zum Aufstand. Zahlreiche Schutzbundangehörige eilten zu den vereinbarten Sammelplätzen und holten die Waffen aus ihren Verstecken. Die Regierungskräfte antworteten allerdings rasch, besetzten die Brücken und sperrten die Straßen zur Wiener Innenstadt.
In die folgenden Kämpfe griffen auch die Panzerzüge ein Die Quellen sprechen allerdings nicht von einem gezielten Einsatz, dafür dürfte die Lage einfach zu unübersichtlich gewesen sein, sondern von überraschenden Erfolgen zufällig vorbeifahrender Panzerzüge, etwa bei der Zurückeroberung des von den Aufständischen besetzten und für die Versorgung der Bevölkerung lebenswichtig erachteten Viehmarktes.
Ein unplanmäßiger Vorstoß erfolgte gegen den Bahnhof Floridsdorf. Der Panzerzug geriet ungewollt ins Gefecht, der Lokführer wurde getötet, der Heizer schwer verwundet. Der Zug musste sich zurückziehen. Im Normalfall waren aber die Aufständischen der konzentrierten Feuerkraft dieser Panzerzüge nicht gewachsen.
Diese Behelfspanzerzüge wurden anschließend außer Dienst gestellt.
Da die Tschechoslowakei und Jugoslawien Panzerzüge besaßen, die im Ernstfall die Marchbrücken oder den Karawankentunnel überraschend einnehmen konnten, plante man 1938 den Bau eines neuen Panzerzuges M 39. Er sollte aus einem vierachsigen Gefechtswagen mit einem Beobachtungsturm und zwei Landsverk-4-cm-Flak-Türmen an beiden Enden bestehen, bestückt mit MG-Erkern und Luken für Gewehre, und über einen diesel-elektrischen Antrieb verfügen. An beiden Seiten waren je ein Geschützwagen für 10-cm-Haubitzen M38 in Panzertürmen und ein Plattformwagen als Abstoßwagen vorgesehen. Diese Anordnung fand sich im Projekt eines deutschen Panzerzuges »SP 42« wieder. Das österreichische Konzept wurde offensichtlich von der Wehrmacht weiterverfolgt.

2.7 Die Organisation der Panzertruppe im ersten Bundesheer

Die Aufstellung eines Panzerwagenbataillons im Rahmen der »Schnellen Division« erfolgte am 9. August 1935 durch den Staatssekretär im BMfLV GdI Wilhelm Zehner. Es setzte sich aus folgenden Einheiten zusammen:

- einem Bataillonskommando,
- einer Kommandokompanie,
- einer schweren Straßenpanzerkompanie mit drei Zügen ADGZ zu vier Straßenpanzerwagen und einem Zug italienischer Fiat-Ansaldo M 30,
- zwei Klein-Kampfwagenkompanien mit dem Kleinkampfwagen Fiat-Ansaldo M 33 und
- einer Hilfskompanie.

In den Jahren 1936 und 1937 wurden nach dem Zukauf des Nachfolgemodells Fiat-Ansaldo M 35 zwei weitere Kampfwagenkompanien aufgestellt und alle Züge auf fünf Kleinkampfwagen aufgestockt.
Die »Schnelle Division« des Bundesheeres bildete nach 1938 die Abteilung 33 der 4. Leichten Division der Deutschen Wehrmacht und nahm als solche an der Besetzung der Tschechoslowakei teil. Da sich die leichten Divisionen im Polen- und Frankreichfeldzug nicht bewährten, wurde die 4. Leichte Division in die 9. Panzerdivision umgewandelt und ergänzte sich weiterhin aus Österreich.

Panzerwagenbataillon der Schnellen Division.

3. Panzerbau im Zweiten Weltkrieg in der »Ostmark«

3.1 Österreich als Teil des »Dritten Reiches« 1938 bis 1945

Unmittelbar nach dem Anschluss Österreichs im März 1938 wurde mit der Eingliederung der Einheiten des Bundesheeres in die deutsche Wehrmacht begonnen. Der Anschluss war so detailliert vorbereitet worden, dass alle irgendwie für die Rüstungsfabrikation geeigneten Werke und Fabrikationsanlagen listenmäßig erfasst waren und sogar sehr kleine Firmen sofort Rüstungsaufträge erhielten, wenn ihre Produkte passten. Verantwortlich für die Integration Österreichs war Reichsmarschall Hermann Göring, Befehlshaber der Luftwaffe, wodurch naturgemäß die Belange der Luftwaffe Vorrang erhielten.
In Wiener Neustadt entstand auf der Basis der ehemaligen k. u. k. Flugzeugindustrie unter Eingliederung der aus dem Ersten Weltkrieg vorhandenen Flugplätze das größte Messerschmitt-Werk des Reiches, das in Summe am Kriegsende 29 % aller Jäger des Typs Me 109 hergestellt hatte. Desgleichen wurde sofort mit dem Ausbau der Luftwaffen-Zulieferindustrie begonnen, beispielsweise einer Aluminiumhütte in Ranshofen am Inn mit einem dazugehörigen Wasserkraftwerk und mehreren Werken zur Erzeugung von Holzplatten für den Flugzeugbau aus dem in Österreich reichlich vorhandenen Rohstoff Holz.
In der Priorität folgte allerdings schon an zweiter Stelle die Panzerwaffe. In Linz wurde mit den »Eisenwerken Oberdonau« das größte Panzerstahlwerk Deutschlands angelegt. Deutschland erhielt den Zugriff auf den steirischen Erzberg, die größte Spateisensteinlagerstätte Europas. Beim Eisenbahnknotenpunkt St. Valentin bei Steyr erfolgte der Spatenstich für das größte und modernste deutsche Panzermontagewerk. Das von Steyr-Daimler-Puch um 65 Mio. Reichsmark errichtete Nibelungenwerk verfügte als einzige Panzermontagefabrik in Deutschland über eine gut strukturierte Fließbandfertigung. Kräne und Bühnen waren so dimensioniert, dass selbst die Fertigung überschwerer Panzer wie die des Jagdtiger (ca. 72 t) problemlos möglich war. 52 % aller Panzer IV, die den ganzen Krieg hindurch das Rückgrat der deutschen Panzertruppe bildeten, 156 Stück der 15-cm-Sturmpanzer IV »Brummbär«, alle 88 Exemplare des 12,8-cm-Jagdtigers, alle 278 Jagdpanzer IV/70 und alle 90 Jagdpanzer »Ferdinand/Elefant« wurden hier gebaut.
Der Grund für den Bau dieser Sonderpanzer in Österreich lag unter anderem darin, dass ab 1942 zahlreiche Rüstungsbetriebe aus dem »Altreich« ihre Entwicklungsabteilungen in das vor Bombenangriffen noch sichere Österreich verlagert hatten. Neben den erwähnten fertigen Fahrzeugen wurden die Zulieferbetriebe für die Fertigung von Panzerfahrzeugen im Altreich, besonders für Panzerbleche, Panzerguss, Geschützrohre, Geschütze und montagefertige Wannen und Türme massiv ausgebaut. Ein großer Teil der Türme und Wannen für den Panther wurde bei Böhler gefertigt.
Ein guter Teil all dieser Industriewerke konnte – nach weitgehender Zerstörung – ab 1945 wieder aufgebaut werden und bildet heute einen wesentlichen Teil der industriellen Infrastruktur Österreichs. Das Land musste allerdings dafür teuer bezahlen, weil die sowjetische Besatzungsmacht nicht nur diese Werke, sondern auch das österreichische Erdöl als »Deutsches Eigentum« deklarierte, den Großteil der in ihrem Besatzungsgebiet liegenden Industriebetriebe demontierte und die Erdölfelder bis 1955 in einem sehr schädlichen Raubbaubetrieb ausbeutete. Die Bestimmungen des Staatsvertrages von 1955 sahen für zehn lange Jahre Reparationen für die Freigabe dieses »Deutschen Eigentums« vor, etwa in dem Ausmaß, wie sie auch von Finnland bezahlt werden mussten. Österreich musste unter anderem zehn Jahre lang zwei Millionen Tonnen Rohöl nach Russland liefern.

3.2 Finanzen für die Rüstungsindustrie in der »Ostmark«

Zum Ausbau der Rüstungsindustrie in Österreich stellten das Deutsche Reich und der Hermann-Göring-Konzern nahezu unbegrenzte Geldmittel zur Verfügung. Allerdings musste die österreichische Stahlindustrie und die Fahrzeugindustrie, z. B. Steyr-Daimler-Puch, ihre Aktien an der Herman-Göring-Konzern übergeben. Sofort nach dem Anschluss erhielt das Stahlwerk Schoeller-Bleckmann in Ternitz einen Kredit von 10,5 Mio. Reichsmark (RM) zum Ausbau der Panzerblech-Fertigung. Auch bei Böhler in Kapfenberg wurden 10,5 Mio. RM in ein neues Panzerblechwalzwerk investiert.
In Linz erhielten die Eisenwerke Oberdonau 29 Mio. RM zum Bau eines Werkes für Panzerteile und Panzergehäuse, das bis zum Kriegsende sechs modernste Hochöfen amerikanischer Bauart, ein Siemens-Martin

Stahlwerk, ein Elektro-Stahlwerk mit vier modernsten Öfen, ein Walzwerk zur Panzerplattenproduktion, eine Vergüterei sowie Schweißwerk, Stahlgießerei und Gesenkschmiede umfasste. Die Fa. Saurer erhielt 1,25 Mio. RM für den Aufbau einer Fertigung des leichten Halbketten-Zugkraftwagens 1t (Sd.Kfz. 10), von denen das Werk bis Jahresende 1939 schon die beachtliche Zahl von 751 Stück fertig gestellt hatte.

Für den Bau des Panzermontagewerkes »Nibelungenwerk« der Steyr-Daimler-Puch AG in St. Valentin wurden 65 Mio. RM vorgesehen. In Linz wurde ein Stickstoffwerk gebaut, um unter Ausnützung der in den Eisenwerken anfallenden Gase Grundstoffe für die Sprengstoff- und Düngemittelerzeugung herzustellen.

3.3 Die Entwicklung der Rüstungsindustrie, besonders der Panzerfertigung bis 1945

Entsprechend der Struktur der österreichischen Schwerindustrie wurde zuerst mit der Panzer-Teilefertigung begonnen. Der Schwerpunkt lag vorerst bei den Aufbauten und Wannen für Panzerspähwagen und Schützenpanzer. In Summe wurden bei Böhler und Schoeller-Bleckmann 6.445 Aufbauten gefertigt, wobei 1.075 Wannen für den leichten Schützenpanzerwagen (Sd.Kfz. 250), 2.322 Aufbauten für den Mittleren Schützenpanzerwagen (Sd.Kfz. 251), 1.052 Wannen für den Leichten Panzerspähwagen (Sd.Kfz. 222) und 560 Wannen für den Schweren Panzerspähwagen (Sd.Kfz. 232) hervorzuheben sind. Schöller-Bleckmann lieferte auch Geschützrohrrohlinge.

Böhler Kapfenberg fertigte insgesamt 516 Wannen und 695 Aufbauten für den Panzer IV (Sd.Kfz. 161), 252 Wannen für das Sturmgeschütz IV (Sd.Kfz. 163), 1368 Wannen und Aufbauten für den Jagdpanzer IV (Sd.Kfz. 162), 200 Wannen für den »Tiger« (Sd.Kfz. 181) und ab 1943 monatlich 120 Türme und 100 Wannen für den Kampfpanzer »Panther« (Sd.Kfz. 171).

Ein interessantes Produkt war der von Steyr entwickelte Raupenschlepper OST (»RSO«), ein an der Ostfront dringend benötigtes Vollketten-Last- und Zugfahrzeug, von dem von mehreren Firmen eine Großserie von 26.000 Exemplaren gefertigt wurde. Versuche zur Panzerung und zur Bewaffnung mit der 7,5-cm-Pak 40 und 10,5-cm-Gebirgshaubitze 40 wurden durchgeführt.

Grundsätzlich trat vom Zeitpunkt der Angliederung Österreichs (1938) bis zum Kriegsende (1945) eine permanente Verschiebung der Lage ein. Anfänglich wurden die »Alpen- und Donaugaue« wie eine Kolonie angesehen, deren erhebliche Rohstoffvorräte ausgebeutet und deren Arbeitskräftepotential – im Jänner 1938 gab es 400.000 Arbeitslose in Österreich – voll ausgeschöpft werden sollte. Über die schon erwähnten und bestehenden Werke hinaus wurde keine nennenswerte Erhöhung der Endfertigung angestrebt.

Nach der Tschechen- oder Sudetenkrise 1939 hatte sich die außenpolitische Lage aber so verschlechtert, dass man die Mobilmachung der gesamten österreichischen Wirtschaft auf kriegsmäßige Erfordernisse einleiten musste. Es begann eine Ausbauphase, in der sowohl in die eigentliche Rüstungsproduktion als auch in die Grundstoffindustrie massiv investiert wurde. Den durchwegs kapitalschwachen österreichischen Betrieben stand dabei eine längere Durststrecke bevor, bis die kostenintensive Umstellung auf neue Produkte nach der Kriegserklärung Englands und Frankreichs durch eine »Mobkredit«-Aktion unterstützt wurde, bei der das Deutsche Reich für Bankkredite die Haftung übernahm.

Der Raupenschlepper Ost (RSO) war ein Kettenfahrzeug, das vor allem an der Ostfront zum Einsatz kam und von Steyr Daimler Puch gefertigt wurde.

Ein enormes Hindernis waren die zu oft wechselnden Schwerpunkte zwischen Marinerüstung, Munitionsfertigung, Luftwaffenzielsetzungen und dem Bedarf der Wehrmacht. Die Artilleriemunitionsfertigung kam infolge stetig von oben angeordneter Produktänderungen erst ab 1943 wirklich in Fahrt. Am ehesten konnte sich die Luftwaffe durchsetzen. Schon im Juni 1939 lief die planmäßige Serienfertigung des Messerschmitt-Jägers Me 109 in Wiener Neustadt an.

1940 lieferte die österreichische Industrie bereits 16 % der Rüstungsgüter des Deutschen Reiches. Angesichts der Größe und Bevölkerungszahl der sogenannten Ostmark, nur 8 % der Bevölkerung des »Altreiches«, war das ein vergleichsweise sehr hoher Beitrag. Er lässt erkennen, dass das Deutsche Reich rüstungstechnisch sehr schlecht auf die Anforderungen eines länger dauernden Krieges vorbereitet war. Zu Beginn des Jahres 1945 dürften es in der Rüstungsindustrie der »Ostmark« 450.000 Beschäftigte gegeben haben.

Neben der Luftwaffenfertigung war der Ausbau der Panzerfertigung in der »Ostmark« sehr erfolgreich.

3.4 Panzerfahrzeuge in Österreich in Entwicklung und im Bau

3.4.1 PANZERKAMPFWAGEN IV AUSFÜHRUNG F BIS J (SD.KFZ. 161)

1934 begann die deutsche Wehrmacht mit der Entwicklung eines 20-Tonnen-Panzers unter dem Tarnnamen »BW« (Bataillonsführer-Wagen) bei mehreren Firmen. Der Prototyp der Friedrich Krupp AG wurde vom Heereswaffenamt zur Fertigung ausgewählt. Er unterschied sich recht wenig vom Panzer III, der die Hauptausrüstung der Panzertruppe stellen sollte. Der Panzer IV war mit einer Kanone größeren Kalibers bewaffnet und sollte als Unterstützungsfahrzeug Ziele bekämpfen, für die die Kanone (3,7-cm-, später 5-cm-PzK) des Panzers III nicht ausreichte. Der für diese großkalibrigen 7,5-cm-Kanonen nötige größere Turmdrehkranz stellte sich als der entscheidende Vorteil für die Weiterentwicklung dieses Panzers heraus, da er den Einbau immer größerer Geschütze ohne große Turm- und Wannenänderungen ermöglichte und damit der Panzer IV während des gesamten Krieges immer nachgerüstet werden konnte.

Die Entwicklung des Panzers IV, genauer des Panzerkampfwagens IV (Sd.Kfz. 161), lief seit 1934 unter der Tarnbezeichnung »Bataillonsführerwagen/BW« bei der Fa. Krupp und ging 1936 bei Krupp-Gruson in Produktion. Das Laufwerk änderte sich während des gesamten Krieges nicht, und die Konstruktion erwies sich als derart erweiterungsfähig, dass dieser Panzer – hier die Ausführung H – bis zum Kriegsende das Arbeitspferd der Panzerwaffe blieb.

Eine erste Serie von 35 Stück wurde bei Krupp-Gruson in Magdeburg aufgelegt, wobei besonders bemerkenswert war, dass dieser Panzer von Anfang an ein Kettenlaufwerk besaß, das bis zum Kriegsende nicht mehr verbessert werden musste. Auch der ab der zweiten Serie (Ausführung B) verwendete 300-PS-Maybach-Motor HL 120 TRM wurde nicht mehr geändert.

In den ersten Kriegsjahren ergab sich angesichts der militärischen Erfolge keine dringende Notwendigkeit, die eher bescheidene Panzerproduktion Deutschlands zu steigern. 1942 änderte sich die Lage durch den Russland-Feldzug dramatisch. Es wurden neue Produktionsstätten für den Panzer IV geschaffen, und zwar in dem von Steyr eingerichteten Nibelungenwerk in St. Valentin, bei der Lastwagenfabrik Vomag in Plauen/Vogtland und der Böhmisch-Mährischen Maschinenfabrik, vormals Praga, bei Prag. Bis Kriegsende wurden etwa 9000 Panzerkampfwagen

IV und etwa 3300 turmlose Sturmgeschütze und Jagdpanzer gefertigt. Dazu kamen ca. 1200 Selbstfahrlafetten (Artillerielafetten »Hummel«, »Nashorn«, »Brummbär«) und Flak-Panzer (»Möbelwagen«, »Wirbelwind«, Ostwind«) mit demselben Laufwerk. Der Panzer IV besaß mehr Feuerkraft als der Panzer III und war beweglicher und zuverlässiger als der Panther oder Tiger. Mit einem Treibstoffverbrauch der letzten Ausführung J von 250 l auf 100 km auf der Straße und 370 l im Gelände hatte er auch nur etwa den halben Treibstoffverbrauch dieser schweren Panzer. Das Nibelungenwerk in St. Valentin produzierte nach seiner Fertigstellung mit 4786 Stück weit über die Hälfte der Panzer IV, die das Rückgrat der Panzerverbände im Osten stellten. Dazu kamen 576 Selbstfahrlafetten.

Begonnen wurde in St. Valentin Ende 1941 / Anfang 1942 mit 15 Fahrzeugen der Serie F1 noch mit kurzem Rohr. Die folgende »Ausf. F2«, erhielt als Ergebnis des Feldzuges in Russland eine lange 7,5-cm-Kanone L/43. Mit dieser Kanone wurde der Pz IV bewaffnungsmäßig auf das Niveau des T–34 und weit über jeden zeitgleichen amerikanischen oder britischen Panzer gebracht. Bis Ende 1942 betrug der Ausstoß bereits 155 Panzer des Typs G, der bis April 1943 lief, und in dem die noch längere Kampfwagenkanone 7,5-cm-KwK 40 L/48 mit Doppelmündungsbremse eingebaut wurde. Typ G wurde dann vom Typ H abgelöst. 850 Pz IV Typ H wurden im 3. Quartal 1944 gebaut. In Summe wurden vom Mai 1943 bis Februar 1944 1250 und von Februar 1944 bis April 1945 2970 Pz IV fertiggestellt.

Das Sd.Kfz. 161/2 Typ J war die letzte Serienausführung dieses bewährten Panzerkampfwagens. Dieser wurde nur mehr in Österreich hergestellt. Die lange Kampfwagenkanone war in der Lage, russische Panzer noch auf 2000 m Entfernung erfolgreich zu bekämpfen. Bei der Ausführung J wurden die 5 bzw. beim Turm 8 mm starken Panzerschürzen, die Schutz gegen raketengetriebene Hohlladungsgranaten bieten sollten, weggelassen und durch ein starkes, aber viel leichteres Drahtgitter ersetzt, das die gleiche Funktion erfüllte. Die Frontpanzerung war auf 85 mm erhöht worden. Das Gefechtsgewicht war damit von ursprünglich 17,3 auf 25 t gestiegen. Die Beweglichkeit war gegenüber den Vorgängerserien etwas reduziert. Das Laufwerk des 1934 als »Bataillonsführerwagen« entwickelten Unterstützungsfahrzeuges war derart robust, dass es bis zum Kriegsende unverändert blieb, Leistungsgewicht und Beweglichkeit allerdings nahmen durch immer schwerere Aufbauten und Waffen ab.

Bei der Ausführung J wurde das elektrische Turmschwenkwerk, welches zur Sicherstellung der Stromversorgung einen zusätzlichen DKW-Zweitakt-Hilfsmotor und eine zweite Lichtmaschine benötigte, weggelassen. An die Stelle des Hilfsmotors kam ein zusätzlicher 200-l-Kraftstofftank, wodurch sich die mitgeführte Kraftstoffmenge auf 680 l erhöhte. Statt der üblichen vier Stützrollen gab es nur mehr drei.[10] Dieser Panzer wurde im Nibelungenwerk und auch in den Eisenwerken Oberdonau in Linz bis April 1945 gebaut.

Panzerkampfwagen IV, Ausführung J	
Kurzbezeichnung	PzKpfWg IV, Sd.Kfz. 161/2
Gefechtsgewicht (kg)	25.000
L/B/H (mm)	5.890 (mit Rohr 7.030)/2.880/2.680
Motor	12-Zylinder Maybach HL 120 TRM
Leistung (PS)	300
Leistungsgewicht (PS/t)	12
Höchstgeschw. (km/h)	38 (Straße)
Kraftstoffvorrat (l)	680
Besatzung	5 Mann
Panzerung (mm)	Front 85, Seite 30, Decke 15
Bewaffnung	7,5-cm-KwK 40 L/48 mit 87 Schuss, zwei MG 34 mit 3.150 Schuss
Baujahr	1944/1945

Rüstungsminister Albert Speer versuchte, jeweils einen Panzertyp auf ein einziges Montagewerk zu konzentrieren, und so wurde das von Steyr-Daimler-Puch errichtete Nibelungenwerk in St. Valentin zur einzigen Fertigungsstätte für die letzte Ausführung J des Panzers IV: Die Panzerschürzen sind hier durch Drahtgitter ersetzt, das Laufwerk hat nur vier Stützrollen.

[10] Dies sollte eine Einsparung von 2.000 Eng-Pass-Kugellagern bringen. Die ersparte Zeit sollte die zusätzliche Fertigung von 24 Pz.Kpfw. IV pro Jahr ermöglichen.

3.4.2 STURMPANZER IV BRUMMBÄR (SD.KFZ. 166)

Der Sturmpanzer Brummbär war eine Artilleriewaffe zur direkten Unterstützung der Infanterie im Häuserkampf. Der Anstrich mit einer Zementpaste »Zimmerit« soll das Anbringen magnetischer Haftminen durch Panzernahkämpfer verhindern.

Sturmpanzer waren nicht mit Panzerkanonen, sondern mit Artilleriegeschützen (Haubitzen) kleiner Kaliberlänge, aber größeren Kalibers ausgerüstet und sollten zur Unterstützung der Infanterie Bunker, feste Gebäude und Feldbefestigungen im direkten Schuss angreifen. Bei den Kämpfen um Stalingrad stellte sich außerdem heraus, dass die bisher dafür verwendeten Sturmgeschütze wegen ihres zu geringen Kalibers nicht genügend Feuerkraft für den Häuserkampf aufwiesen. Es wurde verlangt, dass ein Bauwerk normaler Größe mit zwei bis drei Schuss zum Einsturz gebracht werden sollte. Dies wurde im »Brummbär« durch dünnwandige 15-cm-Granaten mit sehr hohem Sprengstoffanteil erreicht. Das schwere Infanteriegeschütz sIG 33 wurde dazu in ein Fahrgestell des Panzers IV eingebaut. Der Sturmpanzer erwies sich bei seinen Einsätzen wegen seiner enormen Feuerkraft als sehr wirksam. Konsequenterweise fanden Sturmpanzer 1944 beim Niederkämpfen des Warschauer Aufstandes Verwendung. Kritisiert wurde die anfänglich ungenügende Fähigkeit zur Selbstverteidigung.

Der »Brummbär« war das letzte Modell einer längeren Entwicklungsserie, bei der versucht wurde, 15-cm-Artilleriegeschütze auf Selbstfahrlafetten unterzubringen. Man hielt anfangs neue Fahrgestelle dafür für zu wertvoll. So wurde das 15-cm-sIG-33, grundsätzlich eine schwere Haubitze, auf gebrauchte Fahrgestelle veralteter Panzer aufgebaut, die jedoch nicht genügend Panzerschutz aufwiesen. Die Firma Altmärkische Kettenwerke (ALKETT) stellte 1942 eine verbesserte Lösung auf dem Fahrgestell des Panzers IV vor, die 15-cm-Sturmhaubitze 43 L/12. Die Produktion wurde genehmigt, und als erste Tranche stellte das Heereszeugamt Wien im Wiener Arsenal in Zusammenarbeit mit der Fa. Simmering-Graz-Pauker und der Saurerwerke AG, Wien, im April 1943 zwanzig und im Mai 43 weitere 40 Stück Sturmpanzer IV auf der Basis reparierter Panzerkampfwagen IV in relativ kurzer Zeit her, wofür sie eine außerordentliche Belobigung von Rüstungsminister Speer erhielten. Das Geschütz selbst kam von Skoda in Pilsen.

Ein zweites und drittes Baulos mit jeweils 60 Stück wurde zwischen November 1943 und Mai 1944 auf neu gebauten Fahrgestellen im Nibelungenwerk in St. Valentin produziert. Die Aufbauten lieferten die Eisenwerke Oberdonau in Linz und Böhler in Kapfenberg.

Durch den massiven Panzerschutz des Aufbaues ergab sich eine Gefechtsmasse von 28,2 t, die das Laufwerk und die Antriebsanlage des Panzers IV deutlich überforderte. Zur Abhilfe wurde der vordere Rollenwagen und anschließend auch der nächste mit gummigefederten Stahllaufrollen versehen.

Zur Nahverteidigung wurde über dem Fahrersitz ein MG 34 in die »Kugelblende 80« eingebaut. Die Fronteinsätze des Sturmpanzers IV erwiesen sich als sehr erfolgreich, sodass eine monatliche Produktion von zehn Stück beschlossen wurde. Die Montage wurde zu den Deutschen Eisenwerken in Duisburg verlegt, wobei die Fahrgestelle Panzer IV

Sturmpanzer IV »Brummbär«	
Kurzbezeichnung	StuPa IV (Sd.Kfz. 166)
Gefechtsgewicht (kg)	28 200
L/B/H (mm)	5.930/2.880/2.520
Motor	12-Zylinder Maybach TRM, Leistung 300 PS
Leistungsgewicht (PS/t)	10,6
Höchstgeschw. (km/h)	40 (Straße)
Reichweite (km)	180 (Straße)
Steigfähigkeit (%)	75
Kletterfähigkeit (mm)	550
Überschreitfähigkeit (mm)	1.700
Watfähigkeit (mm)	1.000
Besatzung	5 Mann
Bewaffnung	15-cm-StuHb 43 L/12 mit 38 Schuss des sIG 33, spätere Fahrzeuge zusätzlich ein MG 34
Panzerung (mm)	Front 100, Seite 50, Decke 15
Baujahre	1943 bis 1945

weiterhin vom Nibelungenwerk und die Aufbauten von Linz und Kapfenberg kamen.
Ab Dezember 1944 kam eine überarbeitete 15-cm-Sturmhaubitze 43/1 L/12 zum Einsatz. Die folgenden Modelle des Sturmpanzers IV waren im Vergleich zum Vormodell etwas leichter gepanzert. Der feste Aufbau war immerhin frontal 100 mm und seitlich 50 mm dick. Die 15-cm-Haubitze lagerte in einer Kugelblende. 38 Schuss Munition wurden mitgeführt. Es handelte sich um zwei Munitionstypen: Die Igr 38 FES war ein 38 kg schweres dünnwandiges Sprenggeschoss zur Bekämpfung von Bunkern und Gebäuden, die Igr HL/A eine 25 kg schwere Hohlladungsgranate zur Bekämpfung von Panzern.
Gefechtsberichten zufolge wurde der Sturmpanzer trotz seiner Panzerstärke ungern im direkten Schuss gegen Panzer eingesetzt. Das ist verständlich, weil eine Haubitze immer eine höhere Streuung hat als eine Panzerkanone und sichere Treffer nur auf jene eher geringe Entfernung zu erzielen sind, in der die 50%ige Fehlerstreuung der Haubitze geringer ist als die Fläche des Zieles. Bis März 1945 wurden insgesamt 306 Sturmpanzer gebaut.

3.4.3 JAGDPANZER IV/70 (A) (SD.KFZ. 162/1)

Bereits seit dem Panzer III war es üblich geworden, zusätzlich zum Turmpanzer eine »Sturmgeschütz«-Variante zu bauen, bei der unter Wegfall des Drehturmes eine kalibergrößere oder längere 7,5-cm-Kanone mit begrenztem Schwenkbereich in einem geschlossenen Kampfraum eingesetzt wurde. Das Sturmgeschütz III (StG III) war äußerst erfolgreich und führte dazu, dass von da an in Deutschland von jedem Panzertyp eine Sturmgeschütz- oder Jagdpanzer-Variante gebaut wurde. Ein weiterer Vorteil dieser Konstruktion war ein Panzer mit größerer Kanonenleistung ohne den Aufwand und die Kosten eines Turmes.
Für den Panzer IV entwickelte die Vogtländische Maschinenfabrik (VOMAG) in Plauen einen Jagdpanzer, basierend auf dem Laufwerk der Ausführung F. Das Fahrzeug war eine revolutionäre Neuentwicklung mit einem allseits gut abgeschrägtem Kampfraum, gepanzert mit bis zu 80 mm starken Platten. Eingebaut wurde in die erste Serie die 7,5-cm-PaK 39 L/48, welche aber ab Mitte 1944 gegen die stärksten Panzer der Alliierten nicht mehr ausreichte.
Es kam in der Folge die 7,5-cm-Kanone L/70 zum Einbau, deren Langrohr wegen seiner Vorderlastigkeit anfangs zu Schwierigkeiten wegen des hohen Verschleißes der Gummibandagen an den vorderen Laufrollen führte und deren geringer Abstand zum Boden zu äußerst vorsichtiger Fahrweise zwang. Schon geringe Bodenwellen brachten die Gefahr mit sich, dass sich die Kanone im Gegenhang aufspießte. Trotzdem wurde der Jagdpanzer IV ein ausgezeichnetes Panzerabwehrfahrzeug, und VOMAG fertigte bis März 1945 930 Stück. Die Nachfrage konnte von VOMAG alleine nicht befriedigt werden, sodass auf Weisung Hitlers die Nibelungenwerke in St. Valentin den Auftrag erhielten, eine vereinfachte

Jagdpanzer IV/70 (A) im Musée des Blindés in Saumur.

Jagdpanzer IV/70 (A)	
Hersteller	Steyr-Daimler-Puch AG
Gefechtsgewicht (kg)	27.000
L/B/H (mm)	8.870 (mit Rohr)/2.900/2.200
Motor	Maybach Hl 120 TRM, Ottomotor mit 300 PS
Höchstgeschw. (km/h)	35 (Straße)
Reichweite	200 km (Straße)
Besatzung	4 Mann
Panzerung (mm)	10–80
Bewaffnung	7,5-cm-PaK L/70 mit 55 Schuss, ein 7,92-mm MG 42 mit 1.200 Schuss
Baujahr	1944

Ausführung, den Jagdpanzer IV/70 (A), zu entwickeln.
Man setzte dazu einen modifizierten Jagdpanzer-Aufbau auf die Wanne des Panzers IV. Das resultierende Fahrzeug war zwangsläufig höher und etwa zwei Tonnen schwerer, hatte aber das Laufrollenproblem durch die Verwendung neuer, langlebiger Stahllaufrollen an den vorderen Laufrollenpaaren im Griff. Die Kanone hatte keine Mündungsbremse, einen höheren Seitenrichtbereich von 200° und einen Höhenrichtbereich von -5° bis +15°. Der höhere Bodenabstand des Rohres ergab einen besseren Überblick über das Schussfeld, weil höherer Bewuchs des Gefechtsfeldes wie Mais- oder Sonnenblumenfelder die Sicht weniger störten. Die massiven seitlichen Panzerschürzen wurden später durch Schürzen aus Gittergeflecht ersetzt, die wesentlich leichter waren und ihren Zweck, die Abwehr von raketengetrieben Panzerabwehrgeschossen, genauso gut erfüllten. Die Nibelungenwerke fertigten bis zum Kriegsende 278 Stück.

3.4.4 JAGDPANZER VI JAGDTIGER (SD.KFZ. 186A)

Das Auftreten schwerer russischer Panzer des Typs Josef Stalin II etwa Mai 1944 mit einer 12,2-cm-Kanone ließ in Deutschland den Wunsch aufkommen, die schwere 12,8-cm-PaK 44 L/55 als Kampfwagenkanone beweglich zu machen. Die Konstruktion des Jagdtigers wurde von Henschel & Sohn in Kassel vorgenommen. Das Rohr der Kanone leitete sich von einem schweren Zwillings-Flakgeschütz her, welches auch auf den Flaktürmen der Großstädte aufgebaut war. Verwendet wurde das um 200 mm verlängerte Fahrgestell des Panzers Tiger II (»Königstiger«). Der Drehturm entfiel, die hochgezogenen Seitenwände bildeten einen festen Aufbau. Die Stirnwand mit Kugelblende bestand aus Panzerstahlguss von 250 mm Stärke.
Die Kugelblende erlaubte es, die Kanone jeweils um 10° seitlich zu richten. 35 Schuss einer geteilten Munition (Geschoss und Kartusche getrennt) wurden mitgeführt. Eine Patrone wäre für den Ladeschützen zu schwer gewesen. Die Panzergranate wog 28,3 kg, die Treibladung mit Hülse 15,3 kg.[11] Bei einer Mündungsgeschwindigkeit von 1000 m/sec durchschlug die Panzersprenggranate auf 1.000 m Entfernung 230 mm Panzerstahl. Der Jagdtiger war zu Ende des Zweiten Weltkrieges der

Jagdtiger Frontplatte. Die vorgenommenen Entfeinungsmaßnahmen und die Verzahnung der Panzerplatten sind deutlich sichtbar

weltweit schwerste jemals in Serie gebaute Panzer. Es gibt keine Berichte, dass die Frontpanzerung jemals von einem gegnerischen Geschoss durchschlagen worden wäre. Jagdtiger wurden im Einsatz meist aus der Luft oder von der Infanterie ausgeschaltet.

Geschütz und Lafette mit den Richteinrichtungen wurden von Krupp geliefert, der Bau des Jagdtigers erfolgte im Nibelungenwerk, welches von Februar 1944 bis Mai 1945 88 Exemplare dieses Panzers baute. Die Eisenwerke Oberdonau in Linz lieferten die Panzerplatten, der Motor kam von Maybach, war aber trotz seiner 700 PS für die Gefechtsmasse des Jagdtigers zu schwach. Auch die Geländegängigkeit ließ zu wünschen übrig. Die ersten elf Fahrzeuge waren mit dem leichteren Porsche-Laufwerk, die anderen mit dem um zwei Tonnen schwereren Henschel-Laufwerk ausgestattet.

Die Durchschlagsleistung der 12,8-cm-Kanone war gewaltig, und der Jagdtiger konnte einen amerikanischen mKPz Sherman auf über drei Kilometer Entfernung aus jeder beliebigen Auftreffrichtung durchschlagen. An einem in einem Panzermuseum der USA ausgestellten Jagdtiger lassen sich auch die Auswirkungen des von Reichsminister Albert Speer angeordneten »Entfeinungsprogramms« für die deutsche Rüstungsindustrie studieren. Vorbild waren sicher die russischen Fertigungsmethoden, beispielsweise jene des T-34. Es wurden nur mehr jene Flächen an den Werkstücken bearbeitet, die einer Funktion dienten. Demgemäß wurden am Jagdtiger die Panzerplatten nur mehr grob brenngeschnitten und die Schnittflächen nicht mehr nachgearbeitet. Dasselbe galt für die Schweißnähte. Zum besseren Zusammenhalt für das Panzergehäuse wurden die Platten miteinander verzahnt. Am Bild ist zu sehen, dass die obere Bugplatte in die Seitenwand (hinter der Abschleppöse) eingezapft und nur grob abgeschnitten ist. Auch die obere und untere Bugplatte sind verzahnt. Die Zwischenräume sind grob verschweißt. (Auf diesem Bild sind auch zwei Treffer, vermutlich aus der 7,5-cm-Panzerkanone eines US-Panzers Sherman zu sehen, die wirkungslos abgeprallt sind. Die Front des Jagdtigers konnte von keiner Kanone der Alliierten durchschlagen werden.) Nach vorliegenden Berichten dürften sich durch die Entfeinung der Ausstoß der betroffenen Rüstungsprodukte um 20 % erhöht und die Produktionskosten um denselben Prozentsatz gesenkt haben.

Jagdpanzer VI »Jagdtiger«	
Kurzbezeichnung	Sd.Kfz. 186a
Gefechtsgewicht (kg)	69.900 (mit Henschel-Laufwerk 71.700)
L/B/H (mm)	7.800 (mit Rohr 10.065)/3.630(mit Schürzen)/2.945
Motor	12-Zyl. Maybach HL 230 P 30, Ottomotor
Leistung (PS)	700 bei 3.000 U/min
Leistungsgewicht (PS/t)	9,76
Höchstgeschw. (km/h)	38 (Straße)
Reichweite (km)	170 (Straße)
Steigfähigkeit (%)	35
Kletterfähigkeit (mm)	880
Überschreitfähigkeit (mm)	2.500
Watfähigkeit (mm)	1.750
Bewaffnung	12,8-cm-Pak 44 L/55 mit 40 Schuss, ein MG 34 mit 1.500 Schuss
Besatzung	5 Mann
Panzerung (mm)	Front 250, Seite 80, Decke 45
Baujahre	Mai 1944 bis April 1945

Die westlichen Alliierten hielten den Jagdtiger für einen Ausnahmefall, der sich kaum wiederholen würde. Umso größer war die Überraschung, als bei der gemeinsamen Siegesparade im Mai 1945 in Berlin die Sowjetunion mit dem Josef Stalin III einen bisher unbekannten neuen schweren Panzer paradieren ließ. Der JS III hatte eine allseitig schräg gestellte Panzerung, der optimal gerundete Turm trug eine neue 122-mm-Kanone, und das alles wog nur 46 Tonnen und schaffte mit 37 km/h nur unwesentlich weniger als ein mittelschwerer westlicher Panzer. Als sich dann auch noch herausstellte, dass die Sowjetunion überhaupt nicht daran dachte, ihre Truppenstärken zu reduzieren, sondern stattdessen die Panzertruppe sogar vergrößerte, war der kalte Krieg schon nicht mehr abzuwenden und das Wettrüsten auf dem Panzersektor erneut voll im Gange.

3.4.5 JAGDPANZER TIGER (P) FERDINAND/ELEFANT (SD.KFZ. 184)

Das Fahrgestell dieses Jagdpanzers stammt von der nicht eingeführten Porsche-Version (VK 45.01 (P)) des Tigers I, welche vom Heereswaffenamt zugunsten des Modells von Henschel abgelehnt worden war. Porsche hatte vorher bereits 100 Fahrgestelle bauen lassen, deren Beson-

[11] Dieses Problem konnte erst lange nach dem Zweiten Weltkrieg durch die Einführung verbrennbarer Kartuschen für Munition der 120-mm-Panzerkanonen des Leopard 2 gelöst werden und resultierte natürlich beim Jagdtiger in einer geringeren Feuergeschwindigkeit, trotz des Einsatzes von zwei Ladeschützen.

Der schwere Jagdpanzer Elefant war eine Notlösung zur Verwendung der nicht angenommenen Fahrgestelle des Porsche-Tiger. Das Fahrgestell war überlastet, aber die durchschlagskräftige 8,8-cm-Kanone PAK 43/2 L/71 befähigte ihn, alliierte Panzer bereits auf 3.000 m Entfernung mit Erfolg zu bekämpfen. Richtig eingesetzt, war der Elefant sehr erfolgreich.

derheit ein benzin-elektrischer Antrieb war. Zwei Zwölfzylinder-Maybach-Motoren mit je 265 PS waren direkt an einen 500-VA-Generator von Siemens-Schuckert gekoppelt, welcher zwei Siemens-Schuckert-Elektromotore mit je 230 kW Maximalleistung antrieb. Jeder Elektromotor war direkt mit einem der hinten liegenden Antriebsräder verbunden.

Die Idee des benzin-elektrischen Antriebs hatte Porsche schon vor dem Ersten Weltkrieg mit seinen ausgezeichnet arbeitenden österreichischen Artilleriezügen entwickelt. Sie war an sich bestechend, weil alle mechanischen Übertragungselemente und alle Schalt- und Lenkgetriebe wegfielen, erwies sich aber im VK 45.01 (P) als zu schwer und zu störungsanfällig. Außerdem war der hohe Bedarf an Kupfer für diesen Antrieb von der Kriegswirtschaft nicht zu verkraften, weil dieses Metall mit Priorität für den Bau von U-Booten benötigt wurde.

Mit einer Höchstgeschwindigkeit von nur 20 km/h war der Elefant das langsamste Panzerfahrzeug mit einem übermäßigen Treibstoffverbrauch und nur 150 km Reichweite. Der Elefant war mit 65 Tonnen sehr schwer und für diese Masse deutlich untermotorisiert. Das Rollenlaufwerk war eine Porsche-Sonderkonstruktion, die sich ebenfalls nicht durchsetzen konnte. Die Beweglichkeit war zu gering. Es handelte sich eher um einen fahrbaren Bunker. Der Auftrag zur Fertigstellung der schon vorhandenen Fahrgestelle ging an das Nibelungenwerk der Steyr-Daimler-Puch AG, wobei die ursprüngliche Konzeption massiv verändert werden musste, um die mit L/71 immens lange 8,8-cm-Kanone so unterzubringen, dass sie die Beweglichkeit nicht übermäßig einschränkte. Der feste Aufbau wurde gegen das Fahrzeugheck verschoben, die Motoren lagen in der Fahrzeugmitte.

In einem festen Panzeraufbau wurde die Kanone (8,8-cm-Pak 43-L/71), die auch im Jagdpanther und Tiger II verwendet wurde, eingebaut. Panther und Tiger I trugen die kürzere L/48-Waffe. Steyr-Daimler-Puch stellte bis zum Mai 1942 86 Jagdpanzer und fünf Bergepanzer fertig.

Diese Jagdpanzer gingen überhastet und ohne ausreichende Erprobung beim Unternehmen »Zitadelle« in der Panzerschlacht von Kursk in den Einsatz und wurden dort falsch, nämlich offensiv statt defensiv eingesetzt. Das Fehlen eines Maschinengewehres zur Nahverteidigung stellte sich als schwerer Fehler heraus. 20 Fahrzeuge mussten wegen technischer Defekte aufgegeben werden, trotzdem konnte die schwere Panzerjägerabteilung 653, die die Hälfte der »Ferdinands« besaß, den Abschuss von 320 sowjetischen Panzern bei nur 13 eigenen Gefechtsverlusten melden. Die 8,8-cm-Kanone konnte den sowjetischen T-34 frontal noch sicher auf 4.000 m Entfernung durchschlagen und zerstörte die schwersten sowjetischen Panzer auf über 2.000 m.

Nach der Schlacht von Kursk wurden 48 der 50 verblieben Jagdpanzer Ferdinand einer Generalüberholung im Nibelungenwerk zugeführt. Sie erhielten ein MG 34 zur Nahverteidigung, Verstärkungen am Panzerschutz, breitere Ketten, eine Kommandantenkuppel und Verbesserungen am Antrieb (Motorlüftung). Diese verbesserte Variante des Jagdpanzers erhielt den Namen »Elefant«. 14 davon wurden 1944 in Italien zur Bekämpfung der Landung der Alliierten bei Anzio und die übrigen an der Ostfront eingesetzt.

Sie waren bei der Panzerbekämpfung sehr erfolgreich – ein T-34 wurde auf 4.500 m abgeschossen –, wurden aber wegen ihres Gewichts durch einen Mangel an brauchbaren Bergefahrzeugen in ihrer Verwendung stark behindert und erwiesen sich in den engen italienischen Bergstraßen als fast unbrauchbar.

Jagdpanzer »Ferdinand«, nachgerüstet »Elefant«, auch Panzerjäger Tiger (P)	
Kurzbezeichnung	Sd.Kfz. 184
Gefechtsgewicht (kg)	68.000
L/B/H (mm)	6.800 (mit Rohr 8.140)/3.380/2.970
Motoren	2 Zwölfzylinder Maybach HL 120 Ottomotoren mit je 300 PS wirken auf einen Generator Siemens Schuckert SSW aGV, der die Elektromotoren SSW D 149a mit 230 kW an den Kettenrädern antrieb.
Leistung (PS)	zusammen 530
Leistungsgewicht (PS/t)	8,8
Höchstgeschw. (km/h)	20 (Straße)
Reichweite (km)	150 (Straße)
Steigfähigkeit (%)	22
Kletterfähigkeit (mm)	780
Überschreitfähigkeit (mm)	2.640
Watfähigkeit (mm)	1.220
Bewaffnung	8,8-cm-Pak 43/2 L/71 mit 50 Schuss, im Elefanten zusätzlich ein MG 34
Besatzung	6 Mann
Panzerung (mm)	Front 200, Seite 80, Decke 15
Baujahre	1942 bis 1944

3.5 Sonderentwicklungen

3.5.1 LEICHTER SPÄHZUG (SCHIENENPANZERSPÄHWAGEN)

Zu Beginn des Jahres 1943 hatte die Partisanentätigkeit in Griechenland und den Balkanländern ein solches Ausmaß erreicht, dass die Versorgung der dort eingesetzten Truppen ernsthaft gefährdet erschien. Eine Sicherung der Schienenstränge durch die Truppe war angesichts des Mangels an Soldaten ausgeschlossen, und für den Einsatz der normalen Panzerzüge waren im Balkan der Gleisunterbau und die Brückenkonstruktionen zu schwach.

In Erinnerung an eine Panzerdraisine, die die Firma Tatra gebaut hatte und die von der Wehrmacht in Polen erbeutet worden war, erhielt die Firma Steyr-Daimler-Puch den Auftrag, einen leichten Schienenpanzerspähwagen zu konstruieren, der sowohl einzeln als auch in Paaren oder als Zug zusammengekoppelt einsetzbar war. Steyr sollte 50 solcher leichter Panzerspähwagen bauen und lieferte diese im ersten Halbjahr 1944 aus.

Auf einem relativ leichten zweiachsigen Fahrgestell von 5.690 mm Länge saß ein Panzerkasten mit schrägen Wänden aus 14,5 mm starkem Panzerblech, auf dessen Dach zwei Beobachtungstürme symmetrisch aufgesetzt waren. Der Antrieb erfolgte durch einen luftgekühlten 3,5-l-V8-Motor von Steyr, der über eine Dauerleistung von 70 PS bei 2.500 U/min verfügte und in der Fahrzeugmitte seitlich versetzt eingebaut war. Er wirkte über ein Vierganggetriebe mit nachgeschaltetem Wendegetriebe und Rollenketten auf beide Achsen. Durch das abnehmbare Mittelblech des Daches konnte der Motor ausgebaut werden. Die Lufteinlassschlitze für den Motor waren mit rechteckigen Panzerblenden abgedeckt.

Geschaltet konnte von je einem Fahrerstand an beiden Wagenenden werden, die an den schrägen Schmalseiten angeordnet waren. Neben dem Fahrer waren jeweils eine Scharte und ein Sitz für einen MG-Schützen vorhanden. Insgesamt gab es sechs MG-Luken und am Dach drei Halterungen für MGs zur Fliegerabwehr. Zehn dieser leichten Schienenpanzerspähwagen formierten einen leichten Spähpanzerzug (le.Sp). Es waren auch Halbzüge zu fünf Wagen üblich. Jeder Wagen erhielt ein

Leichter Schienenpanzerspähwagen im Eisenbahnmuseum Campo Marzio in Triest.

Leichter Spähzug	
Gefechtsgewicht (kg)	9.500
L/B/H (mm)	5.690/2.380/1.920
Radstand (mm)	2.200
Motor	Steyr 3,5-l-V8 mit Luftkühlung
Leistung (PS)	70
Leistungsgewicht (PS/t)	7,4
Höchstgeschw. (km/h)	60
Tankinhalt (l)	160
Reichweite (km)	400
Bewaffnung	4 MG 34
Besatzung	5–6 Mann
Panzerung (mm)	Seiten 14,5, Boden 10, Decke 5,5
Baujahre	1943 und 1944

Funkgerät Fu 22 SE30 mit einer Rahmenantenne auf dem Dach. Vier dieser leichten Spähzüge wurden im Frühjahr 1944 ausgeliefert und erhielten die Nummern 301 bis 304. Sie haben sich trotz ihrer nur aus MGs bestehenden Bewaffnung für die Streckensicherung im unübersichtlichen und stark durch Partisanen gefährdeten Gelände Griechenlands und des Balkans hervorragend bewährt. Heute ist noch ein leichter Spähschienenpanzer im Eisenbahnmuseum Campo Marzio in Triest erhalten.

3.5.2 SCHWERER SPÄHZUG (SCHIENENPANZERSPÄHWAGEN)

Entwicklung und Fertigung des leichten Schienenpanzerspähwagens verliefen ohne Schwierigkeiten und relativ rasch. Beim schweren Schienenpanzerspähwagen, der auf demselben Fahrgestell gebaut werden sollte, gab es offenbar ziemliche Probleme. Die Firma Steyr-Daimler-Puch hatte im August 1943 den Auftrag für 100 Schienenpanzerspähwagen erhalten und im November 1943 den für weitere 100 Stück, konnte aber nur acht der ursprünglich geplanten 16 schweren Spähzüge (Nr. 201 bis 208) ausliefern, und zwar erst ab Mitte November 1944 bis Mai 1945. Diese schweren Spähzüge bestanden aus acht bis zwölf zusammengekoppelten unterschiedlichen Spähwagen, nämlich in der Regel aus

- 4 Infanteriewagen mit aufgesetztem achteckigem Beobachtungsturm,
- 2 Kommandowagen (Infanteriewagen mit zusätzlicher Rahmenantenne für das Funkgerät) und
- 2 Artilleriewagen mit einem aufgesetztem 7,5-cm-Panzerturm N des Panzers III.

Die für den schweren Spähzug geplanten Flakwagen mit 2-cm-Flak-Vierling oder 3,7-cm-Flak-Zwilling wurden nicht neu entwickelt, sondern durch zweiachsige Rungenwagen ersetzt, auf denen die Flakgeschütze und ein Munitionsbunker aufgebaut waren. Es gab aber zusätzlich pro Zug zwei Panzerträgerwagen mit tschechischen Panzern 38 (t) und einen Trägerwagen mit dem französischem Spähwagen Panhard 204/38(f). Ein 12-cm-Granatwerfer wurde nicht eingebaut, sondern nur als bewegliche Waffe für den abzusetzenden Infanterietrupp mitgeführt.

Im schweren Schienenpanzerspähwagen musste der Steyr-Motor in die Ecke des Wagenkastens versetzt werden. Die nötigen Luftzufuhröffnungen wurden mit drei pilzartigen Lüfterhauben in der Wagenfront und sieben an der Seitenwand abgedeckt.

Durch systematische Bombardierung der Treibstoff-Produktionsanlagen in der zweiten Hälfte des Jahres 1944 wurde die Einsatzmöglichkeit der schweren Spähzüge zunehmend beschränkt. Es kamen sogar behelfsmäßig Dampflokomotiven zum Einsatz, die – wie bei Panzerzügen üblich – in der Mitte zwischen den Halbzügen angeordnet wurden. Beim Rückzug aus dem Balkan musste ein schwerer Spähzug aus Treibstoffmangel komplett auf Eisenbahnwagen verladen werden, um ihn zurückzubringen.

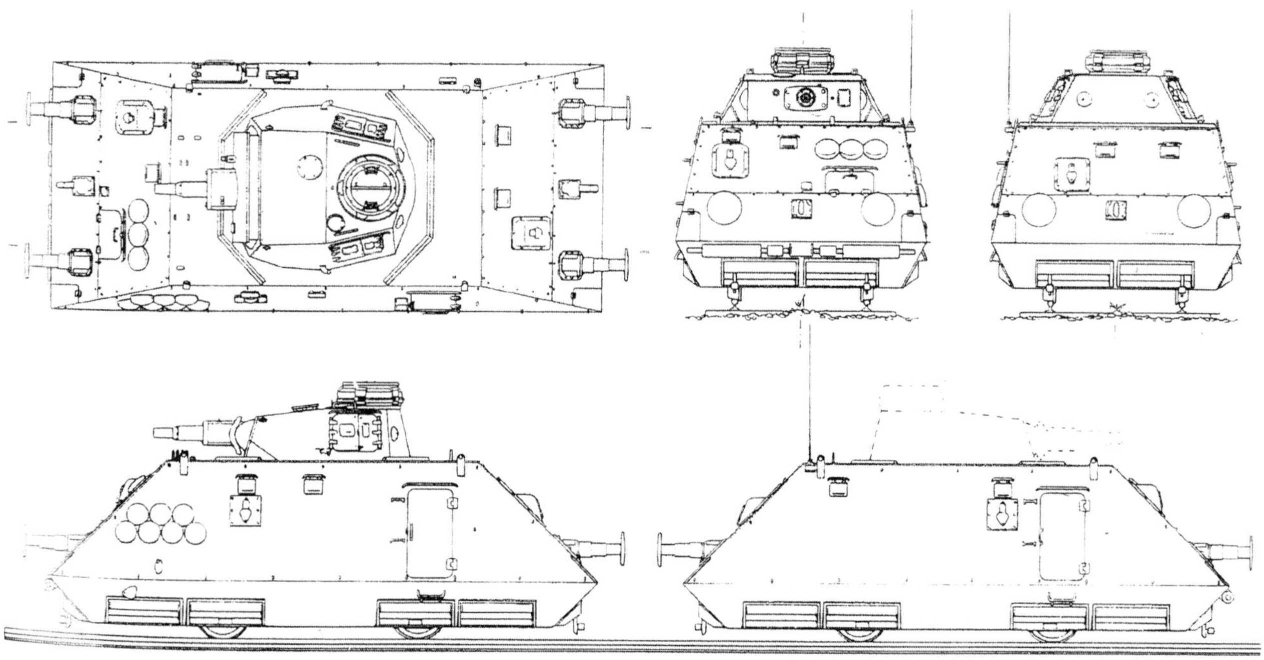

Zeichnung des Artilleriewagens mit einem aufgesetztem 7,5-cm-Panzerturm N des Panzers III.

Gekoppelter schwerer Panzerspähzug.

Schwerer Schienenpanzerspähwagen*	
Gefechtsgewicht (kg)	18.000
L/B/H (mm)	6.260/2.380/1.920
Radstand (mm)	2.200
Motor	Steyr 3,5-l-V8 mit Flüssigkeitsgetriebe und Wendegetriebe
Leistung (PS)	70
Höchstgeschw. (km/h)	40
Tankinhalt (l)	160
Reichweite (km)	700
Bewaffnung	Artilleriewagen Turm N des Panzer III mit 7,5-cm-Pak
Besatzung	5–6 Mann
Panzerung (mm)	Seiten 20, Boden 10, Decke 5,5
Baujahre	1944 und 1945

* Daten sind lückenhaft

3.5.3 PANZER ALS SCHIENEN-KETTEN-FAHRZEUGE

Auf Schienen war dieser Spezialpanzer bis zu 100 km/h schnell.

Eine Sonderentwicklung gab es 1942/43 bei den Saurer-Werken in Wien. Ein Panzer III wurde durch den Einbau eines einziehbaren Schienenlaufwerkes in ein Schienenfahrzeug umgewandelt, das sich auf Gleisen mit einer Geschwindigkeit von 100 km/h fortbewegen konnte. Wurde das Schienenfahrwerk mit vier Gewindespindeln eingezogen, konnte sich der Panzer normal im Gelände bewegen. Es dürften zwei oder drei Versuchspanzer gebaut worden sein, die durchaus zufriedenstellend funktionierten. Trotzdem wurde dieses Projekt nicht weiterverfolgt.

3.5.4 PANZERJÄGER-TRIEBWAGEN

Steyr-Daimler-Puch erhielt 1944 den Auftrag, einen Panzerjäger-Triebwagen nach dem Vorbild des sowjetischen MBV D-2 zu bauen. Die sowjetischen Triebwagen waren als Beutefahrzeuge seit dem Sommer 1941 mit gutem Erfolg im Einsatz. Steyr verwendete einen vierachsigen Waggon mit eigenem Motor. Als Bewaffnung wurden zwei Türme des Panzers IV, Ausführung H, mit langer 7,5-cm-Kanone aufgesetzt, Die Produktion begann im Dezember 1944. Von fünf geplanten Fahrzeugen konnten nur drei fertiggestellt werden, die den Amerikanern als Beute in die Hände fielen, ohne jemals zum Einsatz zu kommen.

Der Panzerjäger-Triebwagen verfügte über zwei Türme mit je einer 7,5-cm-Kanone.

3.5.5 WEITERVERWENDUNG DER ÖSTERREICH-UNGARISCHEN PANZERZÜGE DURCH DIE WEHRMACHT

Teile der ehemals k. u. k. Panzerzüge fanden ausgedehnte Verwendung in Polen, welches zwei Panzerzüge »Pilsudczyk« (PP 1 Pociag Pancerny) und »Smialy« aus dem vormals österreichischen Material zusammengestellt hatte. Sie wurden intensiv in den Kämpfen mit der Sowjetunion eingesetzt. »Pilsudczyk« spielte bei der Eroberung der alten Festungsstadt Przemysl von der Westukrainischen Volksrepublik eine entscheidende Rolle und nahm dann an den Kämpfen um die Stadt Lemberg teil. Im Laufe der folgenden Kampfhandlungen erbeutete »Pilsudczyk« vier bolschewistische Panzerzüge. Die Polen fügten eine interessante Ergänzung zu den Kampfwagen eines Panzerzuges hinzu: Sie stellten leichte Renault-FT-Panzer, die Frankreich geliefert hatte, auf spezialisierte Eisenbahnwagen. Diese konnten mit Hilfe der Panzerketten selbst auf den Schienen fahren und vom Eisenbahnwagen kämpfen, oder den Wagen über eine Rampe verlassen, um entfernt vom Zug zu operieren.
In den Jahren 1938 und 1939 waren alle Panzerzüge der k. u. k. Monarchie, mit Ausnahme der in Ungarn verbliebenen, der deutschen Wehrmacht in die Hände gefallen. Für die Panzerzüge der Wehrmacht Nr. 23 bis 25 übernahm man die Gefechtswagen und anfangs auch die gepanzerten Lokomotiven der MAV-Serie 377. Im Panzerzug Nr. 24 wurden sogar zwei solcher Lokomotiven mit dazwischengekuppeltem Zusatztender verwendet. Die Geschützwagen aus dem früheren k. u. k. Panzerzug VII fanden zuerst unverändert Verwendung. Für den Panzerzug Nr. 25

Die Panzerlok MAV 377 im deutschen Panzerzug 23.

Österreichischer Geschützwagen im deutschen Panzerzug 24.

baute man auf diesen Geschützwagen höhenversetzte Plattformen ein, die auf der höheren eine 2-cm-Flak, auf der tieferen die 7,5-cm-Skoda-Kanone aufgebaut erhielten. Die deutschen Panzerzüge wurden zur Sicherung der langen Nachschubwege der deutschen Armee an der Ostfront eingesetzt und konnten diese auch weitgehend gegen Partisanen verteidigen. In Anlehnung an die polnische Praxis wurden absetzbare Panzerkampfwagen 38 (t) ebenso wie erbeutete französische Panhard-Panzerwagen 178 auf Eisenbahnwagen gesetzt, von denen sie abgefahren werden konnten. Gegen Kriegsende fielen zahlreich Züge der Sowjetunion in die Hände und wurden beispielsweise in den Ostblock-Armeen bis 1949 gegen ukrainische UPA-Partisanen eingesetzt.

3.5.6 RAUPENSCHLEPPER OST (RSO)

Im Winter 1941/42 stellte sich heraus, dass die deutschen Rad-Nachschubfahrzeuge selbst mit Allradantrieb den russischen Schlammperioden im Herbst und im Frühjahr nicht gewachsen waren. Erbeutete sowjetische Kettenschlepper waren die einzig möglichen Fortbewegungsmittel für den Nachschub. Auch Stellungswechsel der schweren Panzerabwehr- und Infanteriegeschütze waren kaum durchführbar. Das Heereswaffenamt forderte deshalb ein Kettenzugfahrzeug in möglichst einfacher Bauweise, um diesem Mangel abzuhelfen. Die Steyr-Daimler-Puch AG stellte in erstaunlich kurzer Zeit einen Entwurf vor und erhielt den Auftrag, bis Ende 1942 1.000 Stück dieser Vollkettenfahrzeuge zu bauen.
Der wesentliche Vorteil bestand darin, dass Steyr fertige Bauteile wie den luftgekühlten V8-Motor aus dem Allrad-Lkw Steyr 1500 A übernommen hatte und der RSO auf demselben Fertigungsband lief. Es wurden drei Varianten in nennenswerten Stückzahlen gefertigt. Die Grundvariante RSO/1 war mit einer geschlossenen Fahrerkabine einfachster Bauart ausgestattet und wurde nach positiven Meldungen von der Ostfront nicht nur von Steyr, sondern auch als Lizenzbau von Gräf & Stift in Wien, von der Auto-Union im Werk Siegmar, vom Werk Wanderer in Chemnitz-Schönau und von Klöckner-Humboldt-Deutz (KHD) in Ulm gefertigt.
Der RSO erwies sich zwar als langsam, war aber ausdauernd und zuverlässig und bei den Soldaten aller Waffengattungen beliebt. Für die Gebirgstruppen wurde eine verkleinerte Version, der Gebirgsraupenschlepper hergestellt, welcher bereits 1940 mit einer erbeuteten belgischen 7,5-cm-Gebirgshaubitze in geringen Stückzahlen bewaffnet wurde.

RSO in normaler und in Gebirgsausführung.

RSO mit 7,5 cm PAK 40" Bildquelle: Australian Armour and Artillery Museum, Cairns QLD

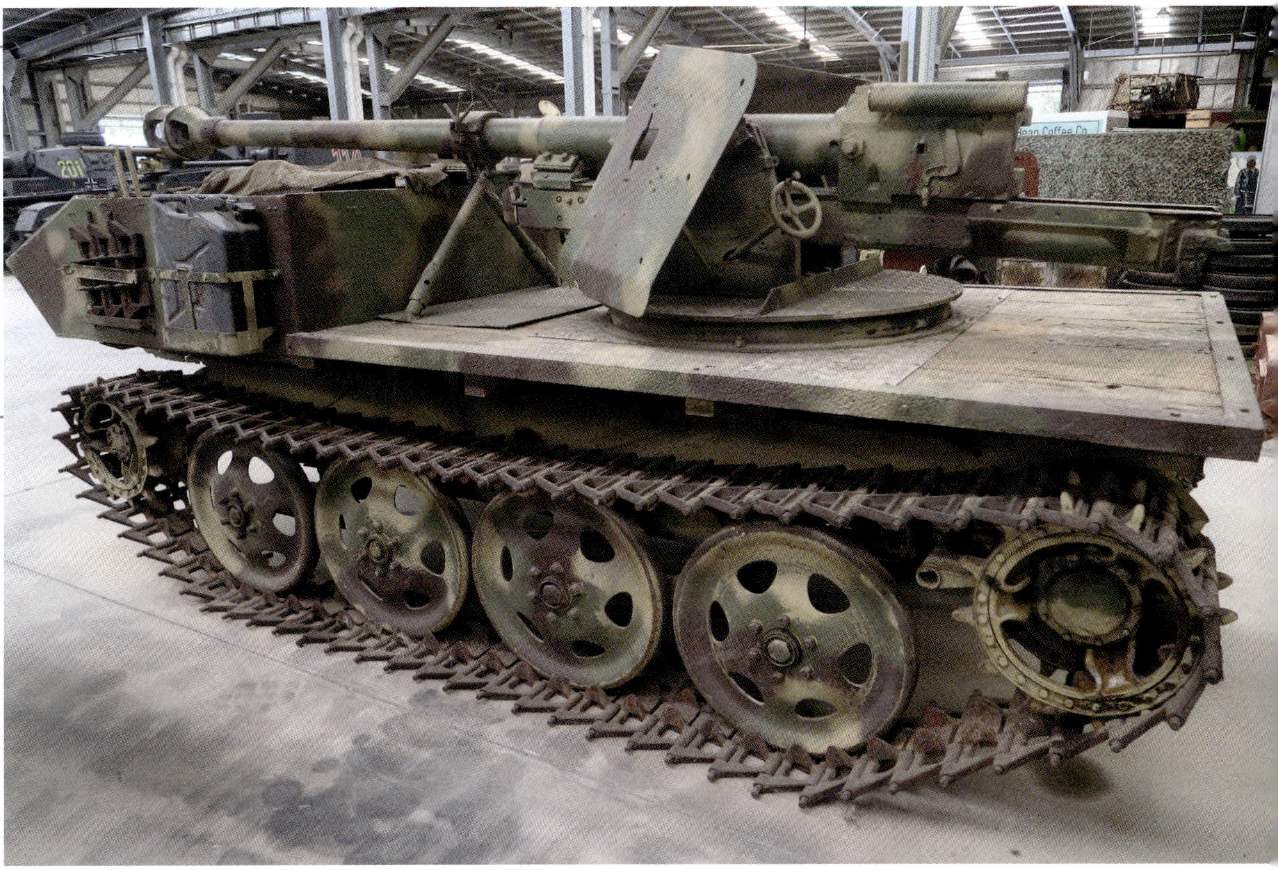

Die Normalversion sollte eine 10,5-cm-Gebirgshaubitze 40 tragen. Der RSO war weiters als Zugmittel für die schwere 7,5-cm-Pak vorgesehen. Bei dem RSO/2 wurde der Versuch unternommen, die 7,5-cm-Pak 40 mit 360° Richtbereich auf das Fahrzeug aufzubauen und mit einer schwach gepanzerten Fahrerkabine als leichten, schnell beweglichen Panzerjäger zu verwenden. Die Pak 40 wurde auf der Ladefläche montiert, wobei im Einsatz die hölzernen Bordwände abgeklappt werden konnten und die Arbeitsplattform verbreiterten. Die Munition war im Unterboden verstaut. Das Fahrzeug wurde von einem Allwetterverdeck geschützt, das gleichzeitig eine vorzügliche Tarnung darstellte. Für diese Panzerjäger-Version wurde folgende Produktionsplanung aufgestellt: Im März 1944 50 Stück, im April 100, im Mai 150 und ab Juli 1944 400 Stück pro Monat. Dieser Pak-RSO wurde bei den Panzerjägereinheiten der Infanterie eingeführt, weil er mit dem Marschtempo der Infanterie gut mithalten konnte.
Es stellte sich allerdings heraus, dass der 70-PS-Motor für diese Verwendungen als Waffenträger zu schwach war, und man baute einen Prototyp mit zwei Motoren, der aber nie in Serie gefertigt wurde. KHD baute außerdem statt des 8-Zylinder-V-Motors von Steyr einen neuentwickelten, luftgekühlten und robusten 65-PS-Deutz-Dieselmotor ein.
Versucht wurden auch schwimmfähige Prototypen und Sattelschlepper für den Transport von 50 Mann. Für Fahrten im Tiefschnee war eine 60 cm breite Kette vorgesehen. Noch 1945 bauten KHD 850 und Gräf & Stift 350 Stück des RSO. In Summe wurden von allen beteiligten Firmen etwa 26.000 Stück hergestellt und nach Kriegsende noch weitere 1.000 Stück als Schlepper für die Land- und Forstwirtschaft gebaut. In der Sowjetunion wurde der RSO als KT12 nachgebaut und weit über den Fall der Sowjetunion hinaus produziert.

Raupenschlepper Ost (RSO/2) mit Pak 40	
Gefechtsgewicht (kg)	5.200–5.500
L/B/H (mm)	4.570/1.990/2.530
Motor	Steyr V8-Ottomotor mit 70 PS oder Deutz F 4 Dieselmotor L 514 mit 65 PS
Höchstgeschw. (km/h)	17 (Straße)
Reichweite (km)	250 (Straße)
Panzerung (mm)	5–10
Bewaffnung	7,5-cm-PaK 40/4-L/46 mit 28 Schuss
Besatzung	2 Mann

4. Gepanzerte Fahrzeuge des zweiten Bundesheeres

4.1 Zweite Republik ab 1945

Nach dem Zweiten Weltkrieg wurde das erheblich zerstörte und zerbombte Land bis 1955 von den Alliierten in vier Besatzungszonen geteilt und die Hauptstadt Wien gemeinsam besetzt. In der russischen Besatzungszone wurden die meisten Industriebetriebe demontiert. Die gesamte dort noch verbleibende Industrie war der russischen Verwaltung (USIA) unterstellt und arbeitete nur für den Bedarf der Sowjetunion. Die österreichischen Erdölvorkommen wurden massivst ausgebeutet. Die Sowjetunion hatte auch aus diesem Grund größtes Interesse, den Abschluss eines Staatsvertrages hinauszuzögern. Ein weiterer Grund war, dass Österreich zusammen mit der neutralen Schweiz einen effektiven Sperrriegel zwischen dem Nord- und dem Südteil der NATO bildete. Überflüge von Tirol durch die US-Luftwaffe 1958 (Libanonkrise) lösten internationale Verwicklungen und ein Angebot der Sowjetunion aus, kostenlos Flugabwehrraketen in Tirol zu stationieren.

Bereits am 27. April 1945 versuchte man, ein Heeresamt zur Auflösung der deutschen Wehrmacht auf österreichischem Staatsgebiet und zur Vorbereitung einer Aufstellung eigener Streitkräfte zu schaffen. Der Alliierte Rat, eine von den vier Siegermächten beschickte Kontrollorganisation, verhinderte jedoch alle Versuche zur Bildung eines österreichischen Heeres und verfügte im November 1945 die Auflösung des Heeresamtes. Mit dem Beginn und dem Fortschreiten des kalten Krieges änderten die drei Westmächte ihre Haltung und stellten am 1. August 1952 in ihren Zonen eine bewaffnete Eingreiftruppe auf, die sogenannte »B-Gendarmerie«. Sie wurde von der normalen Gendarmerie (Polizei) abgetrennt und unterstand dem Innenministerium. Der Meinungsumschwung wurde hauptsächlich durch die Machtübernahme der Kommunisten 1947 in Ungarn und 1948 in der Tschechoslowakei herbeigeführt, also in Ländern in engster Nachbarschaft zu Österreich.

Innerhalb der B-Gendarmerie wurde in jeder der drei westlichen Besatzungszonen ein »Alarmbataillon« aufgestellt, welches sogenannte »Fahreinheiten« zugeordnet erhielt. Diese »Fahreinheiten« verfügten über leichte amerikanische Panzerspähwagen M8, die in ziemlich schlechtem Zustand und ohne den nötigen Ersatzteilvorrat übergeben wurden. Die 3,5-cm-Kanonen waren ausgebaut und verblieben unter alliierter Kontrolle in eigenen Lagern.

Trotz vielfacher Schwierigkeiten war die B-Gendarmerie bis 1954 auf den Stand von neun Infanteriebataillonen, drei mechanisierten Aufklärungskompanien, einem Pionierbataillon und mehreren ortsfesten Versorgungszentren zu einer Stärke von etwa 6.000 Mann angewachsen. Bewaffnung, Ausrüstung und Versorgung erfolgten ausschließlich durch die US-Armee. Das Material wurde leihweise zur Verfügung gestellt und ist, soweit noch vorhanden, bis heute Eigentum der USA.

Der Jagdtiger war das schwerste gepanzerte Kampffahrzeug, das im Zweiten Weltkrieg eingesetzt wurde. Der Tiger wurde von Ende 1944 bis zum Ende des Krieges eingesetzt. Das Army Ordnance Museum in Aberdeen Proving Ground in den USA stellt einen von nur zwei weltweit aus. (Foto: Dept. of Defense)

Engländer und Franzosen standen dem Unterfangen wohlwollend gegenüber, ohne sich in irgendeiner Weise materiell zu beteiligen. Die Sowjetunion war verständlicherweise äußerst misstrauisch und versuchte mehrmals, Störmaßnahmen über die von den Russen gesteuerte Kommunistische Partei Österreichs zu setzen.
Die Absicht der Amerikaner war es, zu verhindern, dass nach Abschluss des Staatsvertrages, über den schon jahrelang ohne Ergebnis verhandelt worden war, beim Abzug der Besatzungsmächte ein Machtvakuum entstehen könnte, in dem – wie in Ungarn und in der Tschechoslowakei – eine Machtübernahme durch kommunistische Kräfte möglich gewesen wäre.
Da sich der Staat Österreich de facto nicht im Kriegszustand mit den Alliierten befunden hatte, weil er zu Kriegsbeginn nicht existiert hatte, wurde statt eines Friedensvertrags der Begriff »Staatsvertrag« angewendet.
Als es im Mai 1955 endlich zum Abschluss dieses österreichischen Staatsvertrages kam, bildeten die 6.000 B-Gendarmen den Kader für das zweite Bundesheer. Als die Besatzungsmächte im Oktober 1955 das Land räumten, hinterließen die USA und die UdSSR einiges Kriegsmaterial. Von den Amerikanern kamen zwei komplette Infanterie-Divisionsausstattungen. Die Sowjetunion übergab ein Panzerbataillon mit T-34/85 Kampfpanzern und etliche Flugzeuge.
In Österreich konnte erst ab der offiziellen Umwandlung der nur in den westlichen Besatzungszonen eingerichteten B-Gendarmerie in das Österreichische Bundesheer wieder mit der Panzerbewaffnung und der Panzerentwicklung begonnen werden. Die Vorgangsweise musste sich an die im Staatsvertrag verankerten Beschaffungsbeschränkungen halten: Ankäufe waren auf neutrale Staaten und die ehemaligen Besatzungsmächte begrenzt. Jeder Kontakt mit Deutschland oder Japan war strikt untersagt. Der Staatsvertrag enthielt auch zahlreiche Einschränkungen für spezielle Waffen (Raketen), die in den vorliegenden drei Sprachversionen (Englisch, Russisch, Französisch) sogar unterschiedlich präzise definiert waren. Die schärfste Variante war die französische, obwohl die Sowjetunion am meisten an diesen Einschränkungen interessiert war. Sehr spät, nämlich erst mit der Selbstauflösung des Staatsvertragspartners »Sowjetunion«, entfielen diese Bestimmungen. Es folgten Jahre einer Konsolidierung mit einer glaubwürdigen Verteidigungsstrategie.
Österreich versuchte zuerst bei Schützenpanzern vom Ausland unabhängig zu werden, und so wurde die Firma Saurer Werke AG beauftragt, ein geeignetes Fahrzeug zu entwickeln. Die komplette weitere Entwicklung von gepanzerten Ketten- und Radfahrzeugen in Österreich konzentrierte sich die nächsten 70 Jahre auf dieses Wiener Werk. Das Unternehmen hatte während des Krieges den leichten Ein-Tonnen-Ketten-Zugkraftwagen DEMAG (Sd.Kfz. 10) in großen Stückzahlen und die Krauss-Maffei-Kettenzugmaschine acht Tonnen (Sd.Kfz. 7) KM m 11 gebaut. Es war im Krieg geplant gewesen, bei Saurer wegen seiner fortgeschrittenen Rolle in der Dieselmotorenentwicklung einen reichseinheitlichen Sechszylinder-Dieselmotor in großen Stückzahlen zu bauen. Die Fertigungsmaschinen waren 1945 schon installiert und die Kurbelwellenproduktion bereits angelaufen. Das Werk wurde aber 1945 von den Sowjets komplett demontiert, obwohl es teilweise in Schweizer Besitz war. (Aus diesem Grund konnte es während des Krieges von den Hermann-Göring-Werken nicht übernommen werden und daher auch nicht Teil des sogenannten »Deutschen Eigentums« sein!)
Die Stahlwerke in Ternitz (Schöller-Bleckmann), Kapfenberg (Böhler) und in Linz (VOEST, ehem. Eisenwerke Oberdonau der Hermann-Göring-Werke) waren im Zweiten Weltkrieg hochqualifizierte Panzerplatten- und Panzergehäusehersteller. Zehn Jahre nach Kriegsende gab es noch genügend Fachleute, um an die Fertigung der Kriegszeit anzuknüpfen, und diese Werke lieferten auch die Wannen für die Saurer-Schützenpanzer. Saurer wurde 1959 von der Steyr-Daimler-Puch A.G. aufgekauft und bildete ab 1970 unter dem Namen Steyr-Daimler-Puch-Werk Wien und ab etwa 1986 als Steyr Spezialfahrzeug AG (SSF) eine Tochtergesellschaft dieses Konzerns.
Das Saurer-Werk wurde 2004 vom US-amerikanischen Rüstungskonzern General Dynamics übernommen und mit den ebenfalls aufgekauften Firmen Mowag, Schweiz, und Santa Barbara, Spanien, zum European Land System (ELS) zusammengeschlossen. Die amerikanische Konzernleitung beschloss, nur mehr die Geschäftsfelder Radpanzer Pandur und Schützenpanzer Ascot (Ulan) weiterzuführen und das komplette Kettenfahrzeugprogramm 4K aufzugeben. Die vorhandene Dokumentation wurde teilweise an das Heeresgeschichtliche Museum abgegeben, größtenteils vernichtet bzw. an eine belgische Firma verkauft. Die Belgier übernahmen auch das komplette Ersatzteillager und den größten Teil der beim Bundesheer ausgeschiedenen Panzerfahrzeuge 4K zum Schrottpreis. Die Masse dieser Fahrzeuge wurde an Indonesien weiterverkauft.
In den letzten Jahrzehnten des 20. Jahrhunderts wurde durch Verteidigungsminister Darabos eine Politik der völligen Abrüstung eingeleitet. Mit dem Überfall Russlands auf die Ukraine wurde die österreichische Regierung gezwungen, dies zu ändern. Eine Volksbefragung zur Wehrpflicht 2013, in der sich die Mehrheit der Wähler für ihre Beibehaltung entschied, und ein 2023 konzipiertes Landesverteidigungsfinanzierungsgesetz ermöglichten ein erhöhtes Verteidigungsbudget bis in das Jahr 2032. Österreich trat der NATO-Partnership for Peace bei. Beschlossen wurde die Nachrüstung der vorhandenen Leopard-2-Kampfpanzer und der Ulan-Schützenpanzer, der Ankauf von 50 Stück eines Nachfolgemodells des Ulan und weiterer 225 Stück des neuen Pandur Evolution. 36 davon sollten mit dem neu entwickelten Lenkwaffen-/Maschinenkanonenturm »Skyranger« von Rheinmetall bestückt werden.

4.2 Das Militärbudget der Zweiten Republik

Die Überlassung von beträchtlichen Mengen an – allerdings vielfach veraltetem – Kriegsmaterial im Jahre 1955 durch die USA war insofern ein Danaergeschenk, als in der österreichischen Bundesregierung danach die Meinung vorherrschend war, dass das Heer wenig bis nichts kosten dürfe. Die im Staatsvertrag eingegangene Verpflichtung, eine »bewaffnete« Neutralität nach dem Beispiel der Schweiz einzurichten, wurde nie wirklich erfüllt. Das Heeresbudget bewegte sich immer unter oder um maximal 1 % des Bruttonationalproduktes. Trotzdem gelang eine beachtenswerte Produktion von leichten Panzerfahrzeugen, die auch in größerem Ausmaß, allerdings mit großen innenpolitischen Schwierigkeiten, exportiert werden konnten.
Unter dem Bundesminister Darabos setzte sich die Ansicht durch, dass Österreich, welches damals völlig von NATO-Staaten und der neutralen Schweiz umgeben war, keiner militärischen Landesverteidigung bedürfe. Das Heer wurde stark reduziert, mehrere Panzer-, Panzerartillerie- und Panzergrenadierbataillone aufgelöst und die Versorgungs-Infrastruktur heruntergefahren. Ab 2009 war die finanzielle Lage des Heeres mehr als angespannt, und es wurde geplant, 40 % der Heeresliegenschaften zu verkaufen.
Diese Politik stellte sich unter dem Schock des Überfalls auf die Ukraine durch Russland als völlig verfehlt heraus, und dem Bundesheer wurden beträchtliche Geldmittel versprochen, um seinem Verteidigungsauftrag wieder nachkommen zu können. Für 2023 wurden 1 %, für die Jahre 2024 bis 2027 sollten 1,5 % des Budgets für das Heer aufgewendet werden. Bereits 2023 und 2024 wurden Beschaffungen auf dem Gebiet des Lufttransportwesens und von gepanzerten Fahrzeugen getätigt. Es wurde auch beschlossen, an dem gemeinsamen europäischen Luftverteidigungskonzept »Sky Shield« teilzunehmen.

4.3 Kettenfahrzeuge 4K mit Motor vorne (»Schützenpanzer Saurer«)

4.3.1 4K3H PROTOTYP UND SEINE WEITERENTWICKLUNGEN

Vorderansicht des Prototyps der Saurer-Schützenpanzer. Das Pflichtenheft sah nur 2,2 m Breite vor. Der Prototyp diente noch jahrelang als Zug- und Verschubfahzeug in einer Kfz-Dienstelle und steht heute im Heeresgeschichtlichen Museum in Wien.

Bereits Anfang 1956 erhielten die Österreichischen Saurerwerke in Wien vom Bundesministerium für Landesverteidigung (BMLV) den Auftrag, einen Ketten-Schützenpanzer zu konstruieren.
Nach Kriegsende 1945 war von Saurer die Firma »Motormuli« gekauft worden, welche eine Kettenzugmaschine auf Basis des RSO zur Holzverbringung gefertigt hatte. Dieses Kettenfahrzeug erwies sich aber als Basis für eine Weiterentwicklung zu einem Schützenpanzer als nicht geeignet. In den Saurerwerken mussten daher – außer einem vorhandenem Achtzylinder-V-Motor eines Saurer-Lkw – alle Baugruppen des geplanten Schützenpanzers (Wanne, Laufwerk, Kupplungs-Lenkgetriebe, Umlenkgetriebe, Vorgelegegetriebe, Getriebe) neu entwickelt werden. Auch der Einbau einer Winde zur Selbstbergung war im Pflichtenheft vorgeschrieben.
Bereits im Dezember 1957, nur 14 Monate nach Konstruktionsbeginn, konnte ein Prototyp vorgestellt werden. Das BMLV hatte in seinem Pflichtenheft eine Breite von nur 2,2 m vorgeschrieben, um auch enge Hohlwege, Wälder und schmale Feldwege problemlos befahren zu kön-

Seitenansicht des Prototyps, die Fläche unterhalb des Knicks sollte zur Unterbringung von Reservekettengliedern und Gerät genutzt werden.

Der Fahrerplatz des Prototyps wurde im Prinzip für alle 4K-Panzer übernommen. Links und rechts des Fahrersitzes die beiden Lenkhebel, die bei leichtem Anziehen die Stützbremse lösten und bei weiterem Ziehen die Lenkbremse aktivierten. Zum Schalten war ein normales Lkw-Getriebe vorgesehen.

nen. Eine Forderung, die sich aus den Erfahrungen des Kriegsendes und der drückenden Luftüberlegenheit der Alliierten ableitete.

Die Wanne des vorgestellten Prototyps, eines Vollketten-Schützenpanzers, sah dem sargförmigen Aufbau des deutschen Schützenpanzers Sd.Kfz. 250 ähnlich, allerdings ohne die vordere lenkbare Radachse. Ausgedehnte Erprobungen im Frühjahr 1958 ergaben, dass dieses Fahrzeug fahrtechnisch voll den Anforderungen entsprach. Der Saurer-Lkw-Motor lieferte 200 PS. Ein Kupplungs-Lenkgetriebe wirkte auf die vorne liegenden Antriebsräder. Die fünf Laufrollen an jeder Seite hatten Drehstabfederung. Durch die Kettenbreite von 400 mm und die vorgeschriebene Begrenzung auf 2.200 mm Fahrzeugbreite lag der Mannschaftsraum über der Kettenoberkante. Das Absitzen der Grenadiere war dadurch wegen der hoch über dem Boden liegenden und schmalen hinteren Tür nur mit Schwierigkeiten möglich. Auch die Wannenform und die daraus resultierende Gesamthöhe befriedigte nicht, und so entschloss sich das BMLV, von seiner Breitenforderung abzugehen. Die neue Gesamtbreite von 2.500 mm gestattete ganz andere Lösungen. Der Prototyp wurde anschließend als Sanitätsfahrzeug eingesetzt und diente später jahrelang als Schlepp- und Rangierfahrzeug bei der Kraftfahrzeug-Versuchsstelle des Heeres. Er befindet sich heute weiterhin einsatzbereit im Heeresgeschichtlichen Museum.

4K3H (Prototyp)	
Gefechtsgewicht (kg)	11.900
L/B/H (mm)	5.090/2.200/1.867
Motor	Saurer-Diesel, 8-Zylinder
Getriebe	Saurer-Schubgetriebe, Gänge: 6V, 1R
Leistung (PS/U^{-1})	200/2.000
Leistungsgewicht (PS/t)	16,8
Höchstgeschw. (km/h)	60
Steigfähigkeit (%)	70
Kletterfähigkeit (mm)	500
Hubraum (l)	11,6
Bewaffnung	keine
Besatzung	2 + 8 Mann
Panzerung (mm)	Wanne vorne/seitlich/hinten: 10/10/10
Baujahre	1957–1958

Versuchsweise wurde eine Oerlikon-Gurtkanone auf dem Saurer-Schützenpanzer aufgebaut.

Schützenpanzer 4K3H, 0-Serie

Der folgende SPz sollte nun den geltenden Kraftfahrgesetzen entsprechend auf maximal 2,5 m verbreitert werden und die Seilwinde wegfallen. Der Fahrersitz musste damit nicht mehr über, sondern konnte neben dem Motor Platz finden und die Gesamthöhe auf unter 1.650 mm herabgesetzt werden. Es wurde aber nötig, die gesamte Fahrzeugkonfiguration bei praktisch gleichbleibenden Antriebsbaugruppen und allen Elementen der Lenkung neu zu überarbeiten. Es entstand eine zukunftsweisende Gesamtkonzeption, bei der der vorne liegende Motor mit dem daneben befindlichen Fahrersitz dahinter einen geschlossenen Kampfraum für die Grenadiergruppe ermöglichte. Eine doppelflügelige Hecktüre gestattete das rasche Besteigen oder Verlassen des Schützenpanzers (in etwa 15 Sekunden), ohne dass die Besatzung beim Absitzen über die Bordwand springen musste. Durch die Schräge der Rückwand öffnete sich die Hecktüre beim Entriegeln blitzartig durch ihr Eigengewicht und wurde durch eine Haltevorrichtung im offenen Zustand gefangen.

Das österreichische Bundesheer verzichtete auf einen weiteren Prototyp und bestellte 25 Stück einer 0-Serie mit der Bezeichnung 4K3H, deren Kampfraum oben offen war. Eingebaut war ein neu entwickelter Saurer Sechszylinder-Reihen-Dieselmotor, dessen Leistung auf 200 PS gesteigert worden war. Der Fahrer erhielt einen geteilten Lukendeckel und für gesicherte Marschfahrten eine aufsteckbare Windschutzscheibe vor seiner Luke. Eine runde Öffnung für den Einbau einer Drehringlafette war im Dach vorgesehen, provisorisch wurde eine Pivotlafette für das 12,7-mm-üsMG M2 aufgebaut. Die Wanne aus Panzerstahl wurde von der Fa. Böhler geliefert und war frontal gegen 20-mm-Panzerbrandgranaten der Firma Oerlikon sicher. Dies war eine der schärfsten 20-mm-Panzergranaten auf dem Markt. Sämtliche Panzerplatten wurden vor dem Zusammenbau einem Abnahmebeschuss unterzogen, wobei als Waffen eine spezielle 20-mm-Oerlikon-Kanone, das 12,7-mm-üsMG und die Panzerpatrone des 7,62-mm-Gewehres Garand M1 verwendet wurden.

Diese Fahrzeuge bildeten zuerst die Ausrüstung eines Panzergrenadierbataillons.

Granatwerferpanzer

Anschließend wurden die Saurer-Schützenpanzer dieser ersten Serie durch den Einbau des eingeführten amerikanischen 81 mm mittleren Granatwerfers M1 zu Granatwerferpanzern umgebaut. Die Waffe war in der Mitte des Kampfraumes mit Schussrichtung nach hinten montiert. Der Panzer sollte verkehrt in eine möglichst gedeckte Feuerstellung einfahren, den Feuerauftrag abwickeln und ohne zeitaufwendige Wendemanöver die Feuerstellung rasch in Vorwärtsfahrt verlassen können.

Die beim Einbau gewählte Lösung war nicht gut. Man hatte einfach die Granatwerfer vom US-Schützenpanzer M21 ausgebaut und die Aufnahme der Kugelpfanne des Werfers ohne Änderung mit gleichem Bohrbild auf dem dünnen Bodenblech des Schützenpanzers verschraubt. Diese Bodenplatte war aber nicht in der Lage, den gewaltigen Rückstoß beim Abfeuern aufzunehmen, wodurch beim Schießen auf die höheren Teilladungen verzichtet werden musste. Die Einsatzschussweite war damit naturgemäß begrenzt. (Auch beim Umbau auf die Nachfolgetypen 4K4F und den SPz A1 wurde dieser Fehler leider nicht behoben.)

Die Steyr-Daimler-Puch AG hatte zu diesem Zeitpunkt schon bewiesen, dass durch Übernahme einer im M113 schon vorhandenen Konstruktion sogar mit einem 12-cm-Granatwerfer mit all seinen Ladungen problemlos vom Fahrzeug geschossen werden konnte. Man musste dazu nur einen drehbaren Aufnahmebalken zwischen die beiden senkrechten Panzerwände oberhalb des Laufwerkes einbauen. Damit wurde der Rückstoß über die Seitenwände und das Laufwerk auf den Boden abgeleitet.

In Österreich wurden die 81-mm-Granatwerferpanzer 2006 ausgemustert. Die geplante Einführung eines 12-cm-Granatwerferpanzers wurde nicht verwirklicht.

Schützenpanzer 4K4F

Die Serienfertigung des Saurer-Schützenpanzers begann 1961 mit der Serie 4K4F. Gebaut wurden 30 Schützenpanzer (Fahrgestell-Nr. 364-1 bis 364-30). Gegenüber der 0-Serie waren folgende Änderungen eingeführt worden: Der Kampfraum wurde durch zwei Klappen abgedeckt, welche sich nach außen öffnen ließen. Sie waren aus 6 mm Panzerstahl gefertigt. In die rechte Abdeckklappe vorne war eine viereckige verschließbare Öffnung eingeschnitten, die sich oberhalb des Kommandantensitzes befand und dem Kommandanten einen eigenen Rundblick ermöglichte. Der Fahrer hatte einen geteilten, nunmehr aufklappbaren Lukendeckel und verfügte bei geschlossenem Lukendeckel über drei Winkelspiegel in Fahrtrichtung. Er konnte bei Verlegungsfahrten vor seine Luke eine Windschutzscheibe einstecken. Auch die 4K4F-Schützenpanzer wurden nach dem Zulauf der Serienwagen 4K3FA in Granatwerferpanzer umgebaut, bei denen es sich um den SPz-GrW1 und SPz-GrW2 handelte. Beide unterschieden sich nur durch die Funkgeräteausstattung und waren mit aus den US-Halbkettenfahrzeugen M21 ausgebauten Granatwerfern bestückt.

Jede Grenadierkompanie hatte einen Granatwerferwagen zugeteilt. Die 4K4F-Serie besaß ebenfalls eine runde Luke für den Einbau einer Drehringlafette. Die Abdeckplatten für die Lafette und den Fahrer waren nur verschraubt und erlaubten guten Zugang zu Motor und Getriebe.

Schützenpanzer 4K3FA

Ab 1963 folgte die Auslieferung des Grenadierwagens 4K3FA-G2 und der anschließenden Spezialfahrzeuge. Die Firma Saurer war führend in der Entwicklung von Dieselmotoren und brachte mit dem 3FA einen der ersten europäischen aufgeladenen Motoren auf den Markt. Während in der 0-Serie ein Sechszylinder mit 200 PS Leistung eingebaut war, entwickelte Saurer für die Serie 4K3FA seinen bewährten 3F-Sechszylinder-Lkw-Motor weiter. In diesen wurde ein Turbolader eingebaut, der die Motorleistung auf 230 PS erhöhte. Von dieser Serie wurde die größte Stückzahl gebaut. Es gab folgende Varianten und Stückzahlen:

Stückzahl	Typ	Fahrgestell-Nr.
211	Grenadierpanzers 4K3FA-G2 mit 12,7 mm üsMG in Drehringlafette	365-1 bis 365-211
38	Funkfernschreiberpanzers 4K3FA-FS	366-1 bis 366-38
60	Artillerie-Führungspanzer 4K3FA-FüA	366-1 bis 366-60
12	Fliegerabwehr-Führungspanzer 4K3FA-FüFla	369-1 bis 369-12
5	Führungspanzer für Brigade / Bataillonskommandanten 4K3FA-Fü	370-1 bis 370-5

Schützenpanzer 4K3FA.

Das 12,7-mm-üsMG M2 war in einer einfachen Drehringlafette eingebaut, die frontal gegen 20 mm Panzergranaten sicher war. Der geteilte Lukendeckel konnte aufgeklappt werden und bildete dann den seitlichen Panzerschutz. Dieser Schützenpanzer 4K3FA mit einer Gesamtstückzahl von 346 Fahrzeugen blieb in seiner grundsätzlichen Form bis zum Beginn des 21. Jahrhunderts im Bestand, hatte nach einer weiteren Kampfwertsteigerung zum SPz A1 also eine erheblich längere Gebrauchsdauer als beispielsweise der zeitgleich in Deutschland eingeführten SPz HS-30.

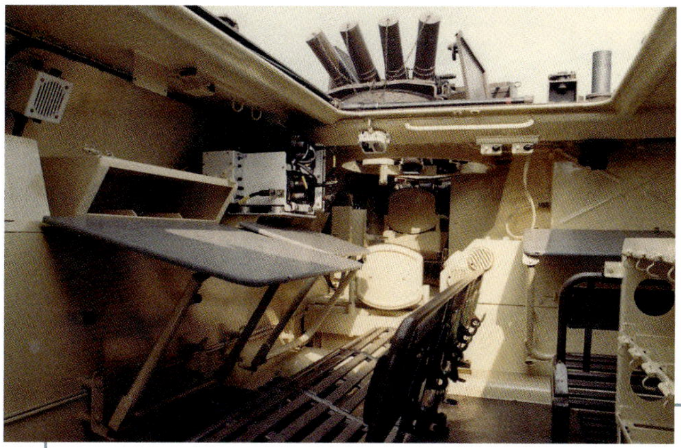

Innenraum des Führungspanzers 4K3FA-Fü mit vier Arbeitsplätzen und erweiterter Funkgeräteausstattung.

4.3.2 SONDERENTWICKLUNGEN

Der Schützenpanzer Tartaruga

1958 wurde gemeinsam mit der Schweizer Firma Adolph Saurer AG in Arbon ein Schützenpanzer-Prototyp nach einem Schweizer Pflichtenheft für das Eidgenössische Militärdepartement gebaut. Dieser SPz Tartaruga war die um eine Laufrolle verlängerte Version des österreichischen Schützenpanzers, besaß allerdings von vornherein eine Öffnung zur Aufnahme eines Drehturmes für eine 20-mm-Oerlikon-Maschinenkanone und Abdeckungen für den Mannschaftsraum.

Nach längeren Erprobungen entschied sich die Schweizer Armee offensichtlich aus Kostengründen für den Ankauf des amerikanischen MTW M113 A1 in großen Stückzahlen (in der Schweiz als »SPz 63« eingeführt). Interessanterweise entsprach der M113 A1 dem Schweizer Pflichtenheft, nach dem der SPz Tartaruga gebaut worden war, überhaupt nicht. Das 12,7-mm-Bord-üsMG besaß nicht einmal einen einfachen Schutzschild. (Die USA führten eine gepanzerte MG-Lafette erst nach schweren Verlusten unter den M113-Bordschützen in Vietnam ein.) Eine reale Ursache für seine Ablehnung war, dass sich bei der Erprobung eine reduzierte Lenkfähigkeit des Tartaruga herausstellte, weil das für die Kettenauflagelänge des österreichischen SPz ausgelegte Lenkgetriebe für die erhöhte Kettenauflagelänge des um eine Laufrolle längeren Schweizer Panzers zu wenig leistungsfähig war.

4K3FA mit Oerlikon-Zwillings-Raketenwerfer

Auf den Schützenpanzer 4K3FA wurde versuchsweise ein Zwillings-Raketenwerfer Typ Oerlikon 3 Z8DLa 804/805 RA aufgebaut und bei einer Parade am Wiener Ring mitgeführt. Dieses Projekt wurde nicht weiterverfolgt, angeblich, weil die Sowjetunion Einspruch wegen des im Staatsvertrag vorgesehen Verbotes von Raketenwaffen erhob.

Schützenpanzer 4K3FA mit Oerlikon-Zwillings-Raketenwerfer.

Turm mit 30-mm-Rarden-Kanone

Auf der Suche nach einer kampfkräftigeren Hauptwaffe wurde die 30-mm-Rarden-Maschinenkanone untersucht, die sich durch eine außergewöhnliche Präzision auszeichnete. Es gab keine Gurt-Zuführung, sondern ansteckbare Magazine. Trotz hervorragender Schießergebnisse auch auf weite Entfernungen konnte vom Bundesheer keine Entscheidung erreicht werden.

Feuerlöschpanzer 4K3FA

Zur Bekämpfung der bei Schießversuchen im Sommer häufig auftretenden Flächenbrände erhielt die Prüf- und Versuchsanstalt für Waffen und Munition in Felixdorf 1977 einen Schützenpanzer, der zusammen mit einem handelsüblichen landwirtschaftlichen Anhänger als Feuerlöschpanzer eingesetzt wurde. Der Schießplatz verdankt seine Existenz der Entwicklung der nach den Napoleon-Kriegen nach englischem Vorbild eingeführten Congreve-Raketen mit höherer Reichweite als damalige Kanonen und war wegen der seit damals bestehender Gefahr von Blindgängern bei Bränden gefürchtet. Der Wasserwerfer kann bis zu 1.600 Liter Wasser pro Minute einsetzen.

4.3.3 SCHÜTZENPANZER 4K4FA

Die ab 1968 ausgelieferte nächste Serie von Schützenpanzern war mit dem weiterentwickelten Motor 4FA ausgerüstet. In diesem Saurer-Dieselmotor war die Zylinder-Bohrung von 120 auf 123 mm vergrößert worden, und der Motor leistete nunmehr 250 PS. Außerdem wurde das verbesserte Schaltgetriebe S 6-70/3 der Zahnradfabrik Friedrichshafen (ZF) eingebaut. Es wurden gebaut:

Stückzahl	Typ	Fahrgestell-Nr.
76	Grenadierpanzer 4K4FA-G1 mit 20-mm-Oerlikon-Kanone in einem um 360° schwenkbaren Panzerturm MK66	368-1 bis 368-74
15	Sanitätspanzer 4K4FA-FS	371-1 bis 371-15

Schützenpanzer 4K4FA-G1

Dieser Schützenpanzer war das kampfkräftigste Modell der Serie. Es gab früh werksseitige Versuche, eine geeignete Maschinenwaffe für den Grenadierwagen zu finden, und sie konzentrierten sich auf die 20-mm-Gurtkanone 204 GK der Schweizer Firma Oerlikon.

Die Waffe zeigte sich als grundsätzlich sehr geeignet, und die Fa. Oerlikon erhielt den Auftrag, einen gepanzerten Drehturm zu entwickelt. Das Panzergehäuse des Einmannturmes wurde von der Firma Böhler in Kapfenberg geliefert und entsprach in den Panzerstärken der Wanne, also mit einer frontalen Sicherheit gegen 20-mm-Panzergranaten. Bei der Waffe GK 204 handelte es sich um einen Gasdrucklader, der komplett außerhalb des Turmes gelagert war. Damit war der Turm von vornherein gasdicht, somit sicher gegen atomare oder chemische Angriffe und bedurfte keiner Ventilation. Der Sitz und die Plattform mit der Stromversorgung waren minimal gestaltet, um weiterhin einen Zugang vom Mannschaftsraum zum Fahrersitz zu ermöglichen.

Der mechanische Abzug der Waffe war am Seitenrichthandrad befestigt und konnte auf Einzel- und Dauerfeuer geschaltet werden. Das Nachladen konnte unter Panzerschutz erfolgen, es war aber zu beachten, dass dazu der außen liegende Gurtkanal nicht völlig leer geschossen werden durfte. Die Waffe war sowohl als Erdziel- als auch als Fliegerabwehrwaffe verwendbar. Der Elevationsbereich reichte von -12° bis +70°. Für den

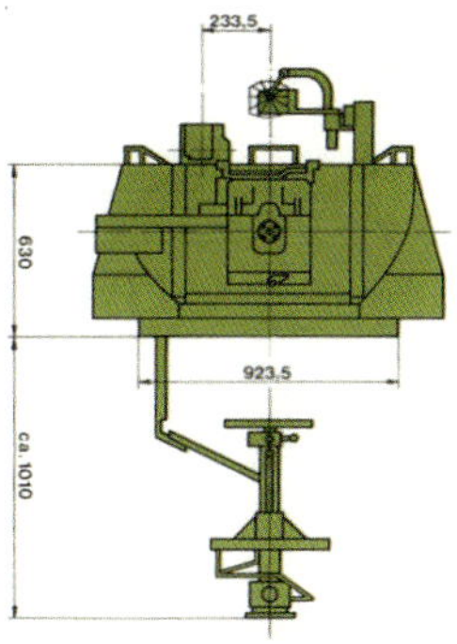

Die Oerlikon-Gurtkanone 204 GK wurde in einen von Böhler gelieferten Panzerturm eingebaut und war als Maschinenkanone MK66 bis 2016 im Gebrauch.

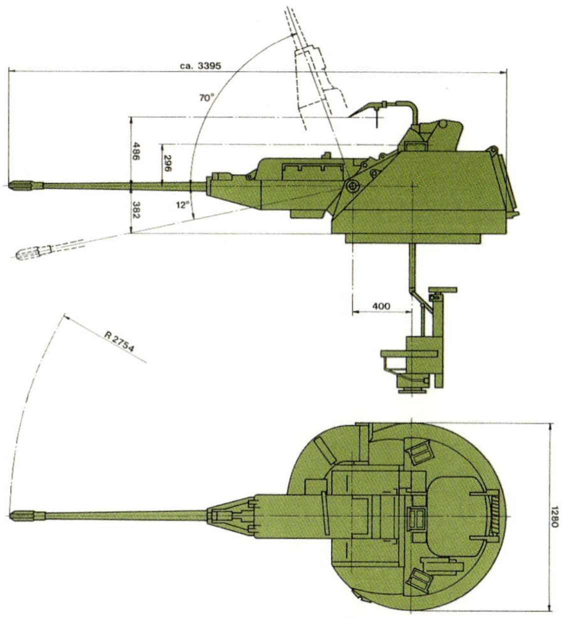

Seitenansicht und Draufsicht der MK66.

Erdzielbeschuss war ein Zielfernrohr mit 6,5facher Vergrößerung eingebaut. Luftziele mussten bei geöffnetem Lukendeckel bekämpft werden. Zum Zielen wurde anfangs ein Ellipsenvisier aufgesteckt, welches später durch ein Reflexvisier ersetzt wurde. Bei Flugzielen diente die Maschinenkanone nur zur Selbstverteidigung mit begrenzter Möglichkeit gegen schnell fliegende Kampfflugzeuge im direkten Anflug, hatte aber hohe Abwehrmöglichkeit gegen Kampfhubschrauber.

Gegen Panzerziele konnte im Turm von Sprenggranaten auf sehr durchschlagskräftige Hartkern-Panzergranaten ummunitioniert werden.

Der Turm MK66 wurde 1985 für 105 Schützenpanzer beschafft und bildete bis zum Ausscheiden der Saurer-Panzer die einzige und letzte gepanzerte Fliegerabwehrwaffe des Bundesheeres, weil nach dem Ausmustern des Fliegerabwehrpanzers M42A1 im Jahre 1994 kein Ersatz angekauft worden war.

Ein Turm MK66 war auch als Bewaffnung des gepanzerten Patrouillenbootes »Niederösterreich« auf der Donau im Einsatz.

Von der Firma Oerlikon wurde der für Österreich entwickelte Turm MK66 unter der Bezeichnung 2RLa/204 GK beziehungsweise später GAD-AOA weltweit verkauft.

Der Sanitätspanzer

Im Sanitätspanzer war außer für den Fahrer und einen Sanitäter Platz für zwei liegende Verwundete, die auf Krankentragen untergebracht waren, und vier sitzende Leichtverwundete. Dem Sanitäter standen zur Bewältigung seiner Aufgabe Verbandskästen, Medikamente, Schienungsmaterial und ein Beatmungsgerät mit 10-l-Sauerstoffflaschen zur Verfügung.

Der Sanitätspanzer wurde als erster Schützenpanzer mit einer Kraftstoffheizung ausgerüstet, die sowohl den Kampfraum mit Warmluft versorgen, als auch ohne Wärme zur Belüftung des Fahrzeuginneren verwendet werden konnte.

Eine volltransistorisierte Funksprechanlage mit automatischer Antennenabstimmung ermöglichte Funksprechverbindung bis zu 30 km Reichweite und die Bordsprechverbindung zwischen der Fahrzeugbesatzung.

Entsprechend den internationalen Vereinbarungen waren die Panzer als Sanitätsfahrzeuge mit Rotem Kreuz oder Rotem Halbmond gekennzeichnet.

Der 4K4FA als Sanitätspanzer.

4.3.4. DER SCHÜTZENPANZER 4K7FA

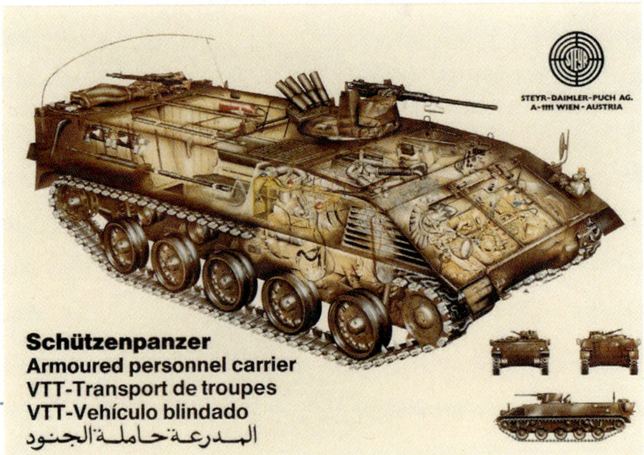

Phantomzeichnung des Schützenpanzers 4K7FA.

Im Jahr 1976 wurde das Lenk- und Bremssystem des Jagdpanzers Kürassier in einen Schützenpanzer eingebaut. Die Antriebsanlage war in nahezu allen Baugruppen mit jener des JaPz identisch, und das System funktionierte von Anfang an problemlos. Dabei wurden die Seitenvorgelege erneuert und Verbesserungen an der elektrischen Anlage, am Instrumentenbrett und der Luftansaugung mit neuen Luftfiltern vorgenommen. Als Bremsanlage dienten innen belüftete Scheibenbremsen, die entweder mit dem Fußpedal (hydraulisch) oder vom Handbremshebel (mechanisch) betätigt werden konnten. Neue Sinterbremsbeläge boten eine viel längere Lebensdauer. Als Kühlanlage wurde ein neuer Kühler und ein leistungsstärkeres Kühlluftgebläse eingebaut.

Zur Unterbringung der Neuteile wurde die Montageöffnung in der Bugplatte vergrößert und durch zwei Klappdeckel verschlossen, die an einem angeschraubten Mittelsteg angeschlagen waren. Auch die Trennwand zwischen Fahrer- und Motorraum musste neu gestaltet werden. Weil auch der Schweizer Erfahrungsbericht – die Schweiz hatte zwei österreichische Schützenpanzer eingehend erprobt – einen Panzer mit Handschaltung als »technisch anspruchsloser, lebendiger und schneller« bezeichnete, wurde – auch im Hinblick auf den technischen Entwicklungsstand der geplanten Exportmärkte und ihrer Instandsetzungsmöglichkeiten – die Beibehaltung der gut funktionierenden Handschaltung einem Automatikgetriebe vorgezogen. Zum gegebenen Zeitpunkt waren auch keine energiesparenden Automatikgetriebe verfügbar.

Der Schützenpanzer 4K7FA verfügte über das Lenk- und Bremssystem des Jagdpanzers Kürassier sowie diverse weitere Verbesserungen.

4.3.5. EXPORTE VON SCHÜTZENPANZERN NACH GRIECHENLAND UND NIGERIA

Griechenland und Nigeria übernahmen diesen Schützenpanzer in größeren Stückzahlen, ohne den Jagdpanzer zu kaufen. Die griechische Fa. Elbo, ehemals Steyr-Hellas, erhielt eine Lizenz und fertigte ab 1980 den Schützenpanzer (KSPz 4K7FA) unter dem Namen »Leonidas« in relativ großen Stückzahlen (ca. 600) sowohl für die griechische Armee als auch für den Export aus Griechenland. Es war dazu notwendig eine kleine griechische Schiffswerft mithilfe von Experten der Vereinigten Österreichischen Eisen- und Stahlwerke (VÖEST) in die Lage zu versetzen, Panzerwannen aus angelieferten VÖEST-Panzerblechen zu schweißen. Das Unternehmen gelang mit einiger Mühe. Der Zusammenbau erfolgte im Werk Saloniki, es war aber weiterhin des Öfteren nötig, Fachleute aus dem Simmeringer Werk zu Reparaturarbeiten nach Griechenland zu schi-

Export-Variante des Granatwerferpanzers zur vollen Ausnützung der Leistung eines 81-mm-mittleren-Granatwerfers.

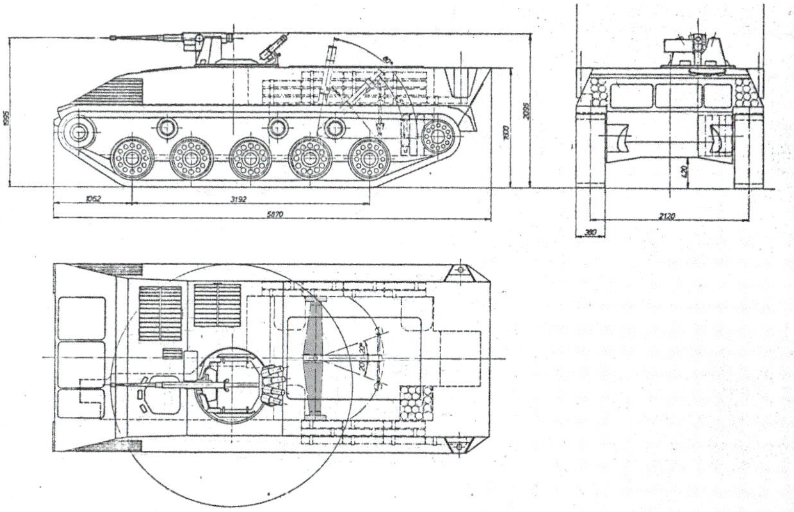

Der Granatwerfer ist in einem drehbaren Balken zwischen den beiden senkrechten Wänden der Wanne gelagert.

cken, um eine ordnungsmäßige Abnahme durch die griechische Armee sicher zu stellen.

Aus Österreich wurde dieser Schützenpanzer in fast alle Länder exportiert, die den Jagdpanzer Kürassier eingeführt hatten, und zwar sowohl als Grenadierfahrzeug als auch als Kommandanten-, Führungs- und Sanitätspanzer. Die Konfiguration dieser Fahrzeuge wurde weitgehend vom Vorgängermodell übernommen, soweit es nicht Sonderwünsche der Kunden gab. Einzige Ausnahme war der Granatwerferpanzer 4K7FA.

Granatwerferpanzer 4K7FA

Wie im Bundesheer üblich, wurde der 81-mm-mGrW mit Schussrichtung nach hinten eingebaut. Die Idee dahinter war, dass der Panzer rückwärts in die Feuerstellung fährt und diese dann rasch und problemlos vorwärtsfahrend wieder verlassen kann.

Wie die Zeichnung zeigt, sitzt die Kugel des Rohres in einer Kugelpfanne, die in einem drehbaren Balken gelagert war, der zwischen den beiden senkrechten Wänden der Wanne befestigt ist und nicht auf dem dünnen Wannenboden aufsitzt. Dieser Werferpanzer sollte die schnellstmöglich verfügbare indirekte mittelschwere Waffe in der Hand des Kommandanten der Grenadierkompanie sein, die ohne aufwendige Feueranforderung sofort einsetzbar war. Der Granatwerfer konnte 20° nach links und rechts gerichtet werden und verfügte über eine Elevation von 45° bis 80°. Durch die gewählte Einbaumethode konnten alle Ladungen verschossen werden.

Als Besatzung waren fünf Mann vorgesehen: Kommandant, drei Mann Werferbedienung und Fahrer. Das Fahrzeug konnte bis zu 100 Wurfgranaten mitführen und besaß die übliche Drehringlafette mit einem 12,7-mm-üsMG M2 als Nebenbewaffnung.

An einem Prototyp wurde demonstriert, dass auch der Einbau eines schweren 12-cm-Granatwerfers möglich war und selbst mit dieser Waffe mit allen Ladungen geschossen werden konnte.

Führungspanzer

Die Auslegung des Schützenpanzers bot sich naturgemäß sowohl für Führungsfahrzeuge als auch für den Einbau diverser Türme an. Führungsfahrzeuge waren äußerlich von den Grenadierwagen kaum zu unterscheiden, sieht man von dem ziemlich am Anfang eingeführten

Inneneinrichtung eines Kommandofahrzeuges mit vier Arbeitsplätzen und einer erweiterten Funkgeräteausstattung.

Funkfernschreibpanzer ab, der eine solide und störungsfreie Verbindung zwischen den Führungsstellen und Einheiten herstellen sollte. Dafür war eine starke und stabile Stromversorgung nötig. Sie wurde dadurch hergestellt, dass links von der Einstiegstüre eine von einer Turbine angetriebene Lichtmaschine unter Panzerschutz angebaut wurde.
Die meisten Führungsfahrzeuge unterschieden sich nur durch die ihre umfangreichere Ausstattung mit Funkgeräten. In Österreich gab es Artillerie-Führungspanzer, Fliegerabwehr-Führungspanzer und einige Führungspanzer für Brigade- und Bataillonskommandanten.

Allen ausländischen Kunden wurden Führungspanzer in der gewünschten Ausstattung geliefert. Die Innenausstattung wurde gegenüber den Grenadierwagen modifiziert, indem Arbeitsplätze mit Tischen eingebaut waren, die das Auflegen von Karten, Computern und sonstigen Hilfsmitteln erlaubten. In der Regel waren Kraftstoffheizungen eingebaut, um das Arbeiten bei jeder Witterung zu ermöglichen.

4.3.6 DER SCHÜTZENPANZER A1

Das österreichische Bundesheer beschloss angesichts der unübersichtlichen internationalen Entwicklung bei den Kampfschützenpanzern 1983 die Nutzungsphase der eingeführten Saurer-Panzer durch eine Depotinstandsetzung bis mindestens in das Jahr 2000 zu verlängern. Für eine grundsätzliche Erneuerung der SPz-Flotte, deren Notwendigkeit sich deutlich abzeichnete, fehlte das Geld.
Für die Modernisierung des Lenk- und Bremssystems der Saurer-Schützenpanzer bis zum 4K7FA ergaben sich drei Möglichkeiten:

- Nachrüstung der SPz mit einem vom M113 abgeleiteten Thyssen-Überlagerungslenkgetriebe und zusätzlich einem Automatikgetriebe.
- Nachrüstung mit einem Überlagerungslenkgetriebe allein unter Beibehaltung des Schaltgetriebes.
- Einführung des neuen Schützenpanzers Modell 4K7FA der Steyr-Werke beziehungsweise Umbau der alten SPz auf diesen Typ, der im Österreichischen Bundesheer (ÖBH) nach dem griechischen Lizenzfahrzeug SPz »Leonidas« genannt wurde.

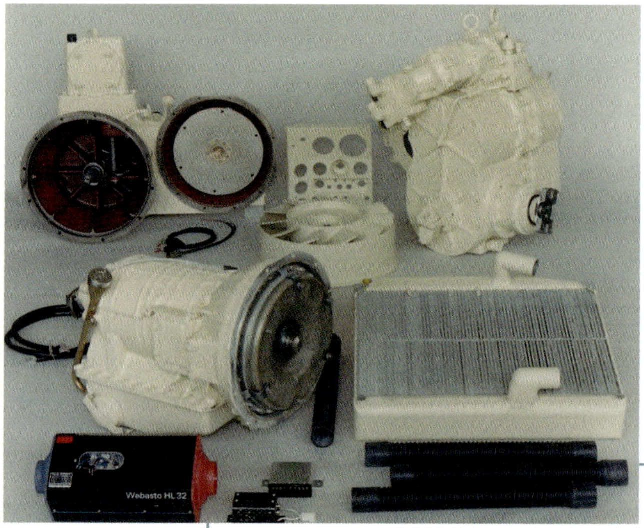

Einbausatz für den SPz A1. Links unten die neue Kraftstoffheizung von Webasto.

Dieses Fahrzeug entsprach in einigen Punkten, z. B. wegen der vergrößerten Wartungsöffnung in der Bugplatte, nicht den Ausschreibungsvorgaben. Außerdem handelte es sich um eine neue Wanne, die sich schwierig aus den vorhandenen SPz-Wannen des ÖBH umbauen ließ. Die Steyr-Daimler-Puch AG war damals weiterhin der Ansicht, dass die am Markt erhältlichen Automatikgetriebe die Leistungen des Fahrzeuges stark beeinträchtigen und den Treibstoffverbrauch erhöhen würde. (Dies trat beim Spz A1 dann tatsächlich auf).
Das ÖBH hatte sich mit dem von der Fa. Thyssen stammenden Prototyp-Lenkgetriebe angefreundet, welches für eine Nachrüstung des US-Schützenpanzers M113 konzipiert war und in den ersten beiden der drei angeführten Lösungen verwendet werden sollte. Die Umkonstruktion auf den österreichischen Schützenpanzer wurde durch die Firma Eisenbeiss in Enns vorgenommen.
Das Bundesheer setzte mehrere Vergleichserprobungen mit diesen drei möglichen Umbauvarianten an. Angetreten ist immer nur der Steyr 4K7FA. Von den Vergleichserprobungen mussten einige vorzeitig abgebrochen werden, weil das Prototyp-Lenkgetriebe von Eisenbeiss ausfiel. Der Steyr-Schützenpanzer dagegen funktionierte immer problemlos.
Nach mehreren Erprobungsdurchgängen fiel die Entscheidung, die Variante 1 mit dem Automatikgetriebe zu übernehmen, wofür es vier ratio-

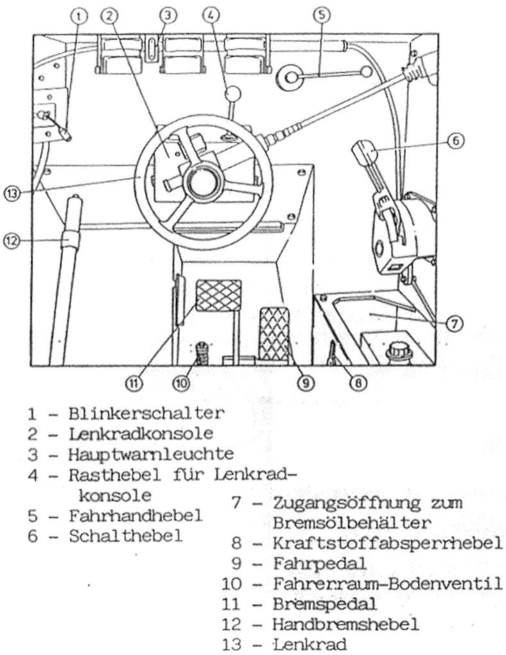

Fahrerplatz im SPz A1.
1 Blinkerschalter
2 Lenkradkonsole
3 Hauptwarnleuchte
4 Rasthebel für Lenkradkonsole
5 Fahrhandhebel
6 Schalthebel
7 Zugangsöffnung zum Bremsölbehälter
8 Kraftstoffabsperrhebel
9 Fahrpedal
10 Fahrerraum-Bodenventil
11 Bremspedal
12 Handbremshebel
13 Lenkrad

nelle Gründe gegeben haben dürfte.

1. Der Wunsch nach einem Automatikgetriebe, um die Fahrausbildung angesichts verkürzter Dienstzeit doch noch effektiv gestalten zu können.
2. Zu diesem Zeitpunkt waren mechanische Schaltgetriebe in modernen Panzerfahrzeugen nicht mehr Stand der Technik, und es gab einige sehr brauchbare Automatikgetriebe auf dem Markt.
3. Die Wertschöpfung im Bundesheer selbst. Man entschloss sich 1985, den Umbau von 465 Fahrzeugen auf alle Heereszeuganstalten (HZA) des Landes im jeweils vollen Umfang aufzuteilen. Alle HZA mussten dementsprechend einen kompletten Werkzeug- und Vorrichtungssatz erhalten und das Personal für alle Umbauarbeiten einschließlich der Schweißarbeiten an Panzerstahl ausgebildet werden.
4. Das Steyr-Lenkgetriebe war breiter und ragte in den Bereich der Drehbühne des MK66-Turmes, der im linken Bereich der Wanne hinter dem Fahrer und neben dem Motor positioniert war. Dies wäre nur durch eine größere Konstruktionsänderung der Wanne zu lösen gewesen, zu der man sich nicht entschließen konnte.

Für den Einbau und den Zugang zum neuen Lenkgetriebe musste die Bugplatte aufgeschnitten, die Montageöffnung vergrößert und mit zwei seitlich angeschlagenen Panzerklappen verschlossen werden. Die von der Truppe geforderte Umrüstung aller 3FA auf die stärkeren 4FA-Motore konnte man nicht umsetzen, weil sich herausstellte, dass der Umbau aufgrund der geringen Stückzahlen wirtschaftlich nicht zu bewerkstelligen war.
Die Umbauarbeiten betrafen also das Lenkgetriebe, das Automatikgetriebe mit dem Drehmomentwandler, die Bremsanlage mit Scheibenbremsen, die Kühlanlage sowie ein neues Umlenkgetriebe. Der Fahrerplatz erhielt ein Lenkrad, einen Handbremshebel, Automatikschalthebel und neue Kontroll- und Warnleuchten.

Montageöffnung beim einem SPz A1 mit Maschinenkanone MK66.

Der Umbau verlief unter großem Zeitdruck und war anfangs wenig befriedigend. Es gab immer wieder technische Probleme mit dem neuen Lenksystem, sodass die geplanten Umschulungskurse der Panzertruppenschule für das Lehr- und Fahrpersonal im Februar 1989 und auch ein

SPz A1 mit zur Wartung geöffneten Montageklappen.

Folgetermin abgesagt werden mussten. Die Schule befürchtete, dass durch diese Anfangsprobleme ein Vorurteil gegen diese Modifizierung aufkommen könnte, und hoffte, dass bei Serienanlauf die Verbesserungen bei der Verkehrs- und Betriebssicherheit Anerkennung finden würden.

Tatsächlich wurde die Gerätebedienung zwar leichter und rascher erlernbar, die Einschulung in die zusätzlichen Baugruppen erlaubte aber keine Verkürzung der Ausbildungszeit.

Alle umgebauten Schützenpanzer erhielten einheitlich die Kurzbezeichnung SPz A1.

Nach der Überwindung der Anlaufschwierigkeiten und Verzögerungen durch technische Probleme verlief die Nachrüstung relativ unproblematisch. Die Zuverlässigkeitswerte (MTBF) des neuen SPz A1 sanken zunächst ab und der Treibstoffverbrauch stieg an – als natürliche Folge des Einbaus eines Automatikgetriebes. Eine geplante Teilnahme an einem UNO-Einsatz in Somalia musste aus diesem Grund abgesagt werden. Österreich sollte eine Nachschubstraße von einem Hafen zu einem Logistikzentrum sichern. Der modifizierte Schützenpanzer hatte aber einen zu geringen Fahrbereich, um die vorgesehenen Zwischenstützpunkte sicher erreichen zu können. Es musste auch zur Kenntnis genommen werden, dass der vorhandene SPz generell für solche Verwendungen nicht geeignet war. Auch die Kampfmöglichkeiten von Bord ließen im Vergleich mit neueren Kampfschützenpanzern zu wünschen übrig.[12]

Im Betrieb in Österreich wurden die Schwierigkeiten mit dem neuen Lenkgetriebe und seinen Bauteilen im Laufe der Zeit geringer. Beim SPz A1 handelte es sich ja praktisch um ein neues Fahrzeug, welches viel zu wenig Erprobungszeit durchlaufen hatte und dessen Einführung zu schnell durchgepeitscht worden war. In der Endphase hatten die SPz A1 wieder vernünftige Zuverlässigkeitswerte erreicht und waren bei der Truppe wegen der leichten Bedienung durchaus akzeptiert.

Die Steyr-Daimler-Puch AG hatte vor dem Umbau schon darauf hingewiesen, dass ein Neukauf der zweiten Steyr-Generation an Schützenpanzern billiger gekommen und nach den Erfahrungen im Ausland mit dem »Leonidas« ein wesentlich zuverlässigerer neuer Schützenpanzer (mit Schaltgetriebe) zur Verfügung gestanden hätte. Das Bundesheer sah aber einen dringenden Bedarf für ein Automatikgetriebe, um die durch die kurze Wehrpflicht gefährdete Qualität der Fahrausbildung aufrechterhalten zu können.

Die Schützenpanzer A1 erhielten folgende Kurzbezeichnungen: SPz A1 MK66 (div.), SPz A1 FÜ (div.), SPz A1K, SPz A1Z, SPz A1G, SPz A1Pi1, SPz A1Pi2 (div.); SPz A1ArtFü (div.), SPz A1 mGrW, SPz A1SAN.

SPz A1	
Hersteller	Steyr-Daimler-Puch A.G. Wien
Umbau	Heereszeuganstalten in Österreich
Gefechtsgewicht (kg)	max. 12.500, je nach Konfiguration
L/B/H (mm)	5.400/2.500/1.640
Bodenfreiheit (mm)	420
Motoren	Steyr 3FA, 4FA, 4FA-E
Leistung (PS)	235 oder 250
Höchstgeschw. (km/h)	60,5
Steigfähigkeit (%)	75
Kletterfähigkeit (mm)	800
Überschreitfähigkeit (mm)	1600
Watfähigkeit (mm)	800
Hauptbewaffnung	20-mm-MK66 Oerlikon bzw. 12,7-mm-üsMG M2
Nebenbewaffnung	7,62-mm-MG 74, Nebelwurfanlage
Besatzung	3 Mann (dazu bis zu 7 Mann, je nach Fahrzeugtyp)
Panzerung (mm)	Wannenfront 20, Seiten 15
Baujahre	1963–1972, Umbau auf A1 1985–1988

[12] 1983 wurde mit der Entwicklung eines neuen Kampfschützenpanzers begonnen, die erst 1999 mit dem SPz Ulan ihren Abschluss fand.

4.3.7 DER SCHÜTZENPANZER ULAN

Durch das Überspringen einer Schützenpanzergeneration durch die Nachrüstung aller Panzer auf A1 erschien es für das österreichische Bundesheer dringend erforderlich, nach einem Ersatz für der nahezu 25 Jahre alten Schützenpanzer Saurer A1 zu suchen.

Es wurde von 1986 bis 1989 eine gemischte Projektgruppe zwischen Heer und Industrie gebildet, welche das Projekt eines »Kampfschützenpanzers 90« studieren sollte. Der KSPz 90 sollte auch die Basis für eine neue Panzerfamilie vierter Generation bilden. Die daraufhin entstandene Konzeption führte zu einem Fahrzeug, welches eine radikale Änderung der bisherigen österreichischen Entwicklungslinie darstellte.

Bis zu diesem Zeitpunkt hatten sich die Panzerfahrzeuge von Saurer und später Steyr durch eine hohe inländische Wertschöpfung ausgezeichnet. Wanne, Motor, alle Getriebe und besonders das Lenkgetriebe wurden im Inland gefertigt. Steyr-Daimler-Puch war aber ab den 1980er Jahren nicht mehr in der Lage, bei den relativ geringen zu erwartenden Ferti-

Schützenpanzer Ulan	
Hersteller	Steyr-Daimler-Puch A.G. Werk Wien
Gefechtsgewicht (kg)	29.300
L/B/H (mm)	6.986/3.150/2.656
Rollenlaufwerk	7 Laufrollen, 3 Stützrollen
Motor	MTU 8V-183 Te22 V90
Leistung (PS/U^{-1})	530/2.300
Höchstgeschw. (km/h)	70
Steigfähigkeit (%)	70
Kletterfähigkeit (mm)	800
Überschreitfähigkeit (mm)	2.500
Watfähigkeit (mm)	1.200
Besatzung	3 + 8 Mann
Bewaffnung	30-mm-MK30 F/Mauser mit 200 Schuss, 7,62-mm-MG FN/MAG mit 700 Schuss, Nebelwurfanlage
Panzerung	Panzerstahl mit Verbundpanzerung MEXAS
Baujahre	1999–2001

Der Schützenpanzer Ulan, hier bei einer Vorführung 2011, wird von der österreichischen Steyr-Daimler-Puch Spezialfahrzeug GmbH gefertigt, als »Pizarro« fertigt ihn die spanische Santa Bárbara Sistemas. (Foto: Böhringer Friedrich, CC BY-SA 2.5)

gungsstückzahlen bei vielen bisher in Österreich und sogar in den eigenen Werken gefertigten Baugruppen einen internationalen Standard zu halten. Statt eines Steyr-Motors oder Steyr-Umlenk-und-Lenkgetriebes sollte der neue Schützenpanzer einen flüssigkeitsgekühlten MTU-Motor 8V-183Te22 V90 erhalten, der mit einem kombinierten automatischen Schalt-Lenkgetriebe des Typs Renk HSWL 106 gekoppelt wurde. Vernünftigerweise ging man auch von den bisher in Österreich noch verwendeten Einmann-Türmen ab und sah einen Zweimann-Turm vor. Unter Beibehaltung der grundsätzlich bewährten allgemeinen Konfiguration der Saurer-Schützenpanzer mit dem Motorraum vorne rechts neben dem Fahrer wurde dieser Zweimann-Turm hinter dem Motorraum angeordnet, und zwar aus der Fahrzeugmitte nach rechts verschoben. Die elektrischen Turmantriebe sollten von SIG, Schweiz, und die Maschinenkanone, eine 30-mm-Kanone mit Doppelzuführung des Typs F, von Mauser bezogen werden.

Aus finanziellen und marktwirtschaftlichen Überlegungen ging die Fa. Steyr 1987 für die Entwicklung und Vermarktung dieses Kampfschützenpanzers eine Kooperation mit der spanischen Empresa Nacional Santa Barbara ENSB ein. Mehrere Prototypen des ASCOD (Austrian Spanish Co-Operative Development) wurden gebaut und erprobt. Spanien übernahm grundsätzlich Weiterentwicklung und Bau des Fahrgestells, Steyr konzentrierte sich auf den Turm. Der Ausbau zu einer Fahrzeugfamilie, die in Drittländern gemeinsam vermarktet werden sollte, wurde eingeplant.

Ein versuchter Verkauf an Norwegen mit ausgedehnten Erprobungen des Protyps 2 unter extremen Winterverhältnissen ergab wertvolle Erkenntnisse, aber der Verkauf war nicht erfolgreich. Der Prototyp 3 ging zu ausgedehnten Erprobungen an die Panzertruppenschule. Der neue Zweimann-Turm erhielt von der israelischen Firma Elbit Feuerleitsystem und Wärmebildgerät des Jagdpanzers A3.

1996 hatte Spanien ein erstes Los von 144 Stück des ASCOD bestellt, und zwar als »infantry combat vehicle Pizarro« und als Führungsfahrzeug. Die Tests mit diesem Prototyp verliefen zufriedenstellend, und im April 1999 kam es auch in Österreich zur Bestellung von 112 Kampfschützen-

Innenansicht des Kampfraumes eines Ulan Schützenpanzers. Bildquelle: Wikipedia Commons

panzern, die auf den Namen »Ulan« getauft wurden. Die Auslieferung begann 2001.
Das Laufwerk des Ulan besteht aus sieben drehstabgefederten Laufrollen mit dem Kettenrad vorne und dem Leitrad hinten. Zur Verwendung kam eine Diehl-Kette mit zwei Gummipolstern und Endverbindern. Die Gummipolster können bei Bedarf gegen Stahlgreifer ausgetauscht werden. Eine ABC-Schutzanlage ist vorhanden. Für die Kanone wurden 200 Schuss Munition vorgesehen, für das MG 700. Für Österreich wurden die Ulan-SPz noch in Wien-Simmering gefertigt, für weitere Fertigungen sollte aus Kostengründen der Bau in Spanien bei Santa Barbara erfolgen. Im Zuge der Erweiterung des Heeres nach dem russischen Überfall auf die Ukraine sollen auch die Ulan-SPz nachbeschafft werden. In Großbritannien wurde dieser Panzer 2010 als ASCOD SV (später Ajax) zur Einführung ausgewählt. Generalunternehmer für das Future Rapid Effect System sollte General Dynamics UK werden.

4.4 Kettenfahrzeuge mit Motor hinten

4.4.1 JAGDPANZER 4KH

1965 wurde vom österreichischen Bundesheer ein groß angelegtes Manöver namens »Bärentatze« durchgeführt, welches die Standfestigkeit der eingeführten Jägerbrigaden gegenüber einem Angriff mechanisierter Verbände überprüfen sollte. Das Ergebnis war katastrophal. Kurz zusammengefasst erwiesen sich die damaligen Jägerbrigaden als völlig außerstande, Panzerverbänden ernsthaften Widerstand zu leisten oder Gelände gegen sie zu halten.
Die 10,6-cm-rPAK, damals die hauptsächliche Panzerabwehrwaffe der Infanterie, war weder in der Einsatzschussweite (unter 450 m) noch in Schussfolge und Trefferwahrscheinlichkeit geeignet, einen typischen Angriff von Panzerverbänden russischer Gliederung abzuwehren. Die Erfahrungen aus dem Zweiten Weltkrieg wiesen eindeutig darauf hin, dass ein gegnerischer Panzerangriff 1.000 m vor dem eigenen vorderen Rand des Verteidigungsbereiches zum Stehen gebracht werden muss, wenn es nicht zu untragbaren eigenen Verlusten kommen sollte. Es wurde dringend die Einführung einer Panzerabwehrwaffe gefordert, die in der Lage sein sollte, Feindpanzer auf mindestens 1.550 m zu bekämpfen. Außerdem wurde zusätzlich eine entsprechende Beweglichkeit gefordert. Als Notlösung wurden französische Jagdpanzer AMX-13 angekauft und den Jägerbrigaden zugeteilt, aber die Entwicklung einer eigenen wirksamen Panzerabwehrwaffe gefordert.

Der Jagdpanzer 4KH7FA demonstriert seine Steigfähigkeit.

Jagdpanzer 4KH7FA-FL12 mit 10,5-cm-PzK D1504

Der Heeresleitung schwebte anfangs vermutlich eine Art Sturmgeschütz vor, zumal die Firma Saurer selbst einmal ein derartiges Fahrzeug vorgeschlagen hatte. Untersuchungen im österreichischen Gelände zeigten aber rasch die völlig unzureichende Beweglichkeit eines Panzers mit frontal eingebauter Kanone von genügender Kaliberlänge und begrenztem Seitenrichtbereich. Unter ähnlichen Geländevoraussetzungen erhielt der deutsche Kanonen-Jagdpanzer eine verkürzte Variante der Panzerkanone des M-47. Beim schwedischen S-Panzer mussten zwangsläufig Brückenlegepanzer beschafft werden, weil sogar seichte Gräben oder

Eine gute Figur machte der Kürassier auch in puncto Watfähigkeit und bei der Grabenüberschreitung.

Kippbühne zur genauen Feststellung der Fahrzeugfunktion bei extremer Schrägfahrt.

Mulden ein kaum zu bewältigendes Hindernis darstellten. Die ohnehin nur gering über den Wannenbug ragende Kanone bohrte sich im Gegenhang fest.

Die gewählte Lösung war daher ein Turmpanzer mit einem verbesserten AMX-13-Turm des Typs FL12D und einer in Frankreich neu entwickelten 10,5-cm-Kanone D1504. Diese Panzerkanone verschoss eine ebenfalls neu entwickelte drallstabilisierte und drallmantelgelagerte Hohlladungsgranate 105 mm OCC, welche identisch mit der Granate des französischen Kampfpanzers AMX-30 war und alle damals eingeführten Kampfpanzer auf jede Entfernung durchschlagen konnte. (siehe Abschnitt Exporte, Tunesien).

Die dazugehörige Sprenggranate war bis auf den Zünder mit der bereits eingeführten Sprenggranate der leichten US-10,5-cm-Feldhaubitze identisch, hatte aber, wie Versuche bald zeigten, wegen ihrer vergleichsweise hohen Mündungsgeschwindigkeit eine fürchterliche Splitterwirkung.

Der Einbau des Turms in den Kampfraum eines SPz wurde wegen der schlechten Masseverteilung verworfen. Es wäre wieder eine Art AMX-13 herausgekommen. Das Fahrgestell wurde auf die klassische Panzerkonfiguration mit hinten liegendem Motor (daher 4KH) und in der Mitte eingebautem Turm ausgelegt, wobei der Fahrzeug-Schwerpunkt und der Mittelpunkt der Fahrzeugbewegungen (Rollen und Stampfen) nahezu zusammenfielen. Dies ist eine Grundvoraussetzung für gute Fahreigenschaften im Gelände.[13]

Das Grundkonzept der Antriebsanlage des Schützenpanzers wurde zwar beibehalten, der bewährte aufgeladene Sechszylinder-Motor aber durch eine neuartige Ladeluftkühlung auf eine Leistung von 320 PS (7FA) gestei-

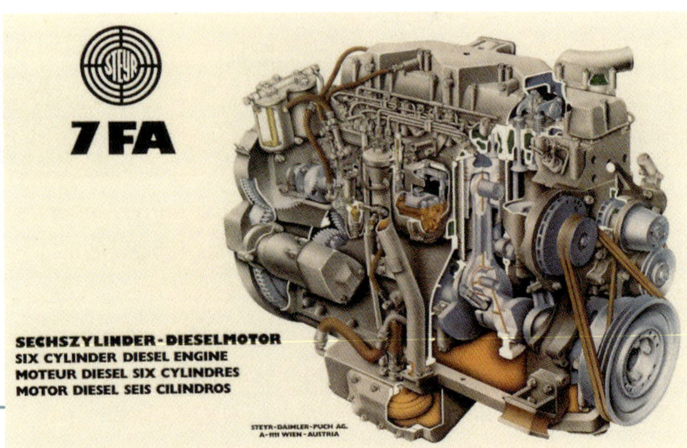

Schnittbild des am meisten verwendeten Motors 7FA, einem wassergekühlten Sechszylinder-Reihenmotor mit Abgasturbolader und Ladeluftkühlung.

Das hydrostatische Überlagerungslenkgetriebe. Rechts oben der Hydromotor, der das Planetengetriebe überlagert. Das Lenkgetriebe ist mit zwei kurzen Kardanwellen mit dem Vorgelegegetriebe und der Scheibenbremse verbunden.

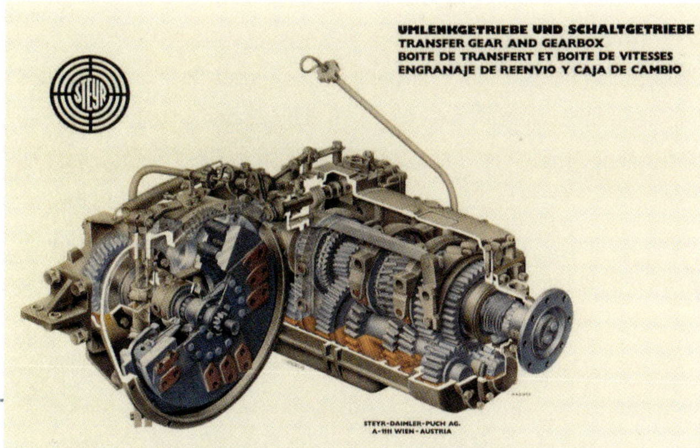

Umlenkgetriebe und Schaltgetriebe sind direkt an den Motor angeflanscht und mit einer Kardanwelle mit dem Lenkgetriebe verbunden. Die Einscheibenkupplung mit keramischen Belägen wird mechanisch betätigt.

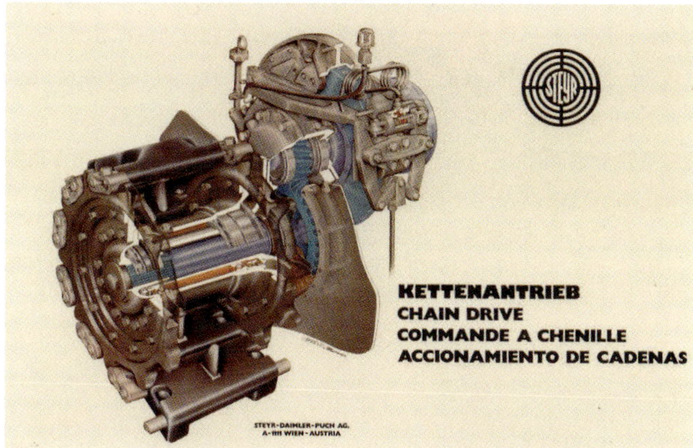

Schnittbild des Kettenantriebs.

gert. Das Schaltgetriebe musste beibehalten werden, weil die damals verfügbaren Automatikgetriebe viel zu viel Motorleistung verbrauchten. Der erste Prototyp, der 1967 geliefert wurde, erhielt ein neu entwickeltes Einradien-Lenkgetriebe mit zwei Paar Lenkhebeln beim Fahrer. Während der Fahrgestellentwicklung wurden zwei von den AMX-13 vorhandene FL10D-Türme, deren Turmhydraulik mit dem neuen FL12-Turm identisch war, in Frankreich auf die 10,5-cm-PzK D1504 umgebaut. Ein Turm wurde auf den Prototyp aufgesetzt, der zweite auf ein AMX-13-Fahrgestell, um eine Vergleichserprobung zwischen den beiden Fahrgestellen auf dem Truppenübungsplatz Allentsteig durchführen zu können.

Für die ersten Schießerprobungen wurde das Angebot einer Hilfeleistung durch die technischen Dienste der französischen Armee gerne angenommen, weil in Österreich zwar genügend Erfahrung für Versuche mit Fahrgestellen, aber keinerlei Praxis für eine Schießerprobung gegeben war. Schon der als erstes von den Franzosen mitgeteilte Erfahrungsgrundsatz, dass bei einem Panzerfahrzeug die Belastung durch das Fahren wesentlich größer und kritischer ist als die Belastung beim Schießen mit der Hauptwaffe, war wertvoll.

Nach einem in Teilen von Frankreich übergebenen Erprobungsprogramm wurden die Reaktionen des Fahrgestelles beim Schuss für jede mögliche

Laufwerk mit fünf drehstabgefederten Laufrollen und dem Leitrad.

Schnittbild des Jagdpanzers 4KH7FA.

[13] Das Konzept für den ausgeführten Jagdpanzer stammt von Dipl.-Ing. Paul Vock, dem Chef der Wehrtechnischen Planungsabteilung im BMfLV, und Dr. Ing. Franz Lauer, Konstruktionschef bei der Fa. Saurer bzw. der Steyr-Daimler-Puch A.G., Werk Wien.

Turmstellung und Elevation der Kanone überprüft. Es wurden die Streuung, der Abgangsfehlerwinkel und der mittlere Treffpunkt bestimmt und mit von Frankreich übermittelten Daten und durch Parallelversuche des neuen Turmes mit 10,5-cm-PzK auf einem AMX-13 FL12D überprüft. Die erstaunliche Präzision der neuen Kanone war bei beiden Fahrgestellen etwa gleich gut. Es wurden aus dem Jagdpanzer-Prototyp I 120 Schuss abgefeuert.

Der Jagdpanzer Kürassier beim Schuss.

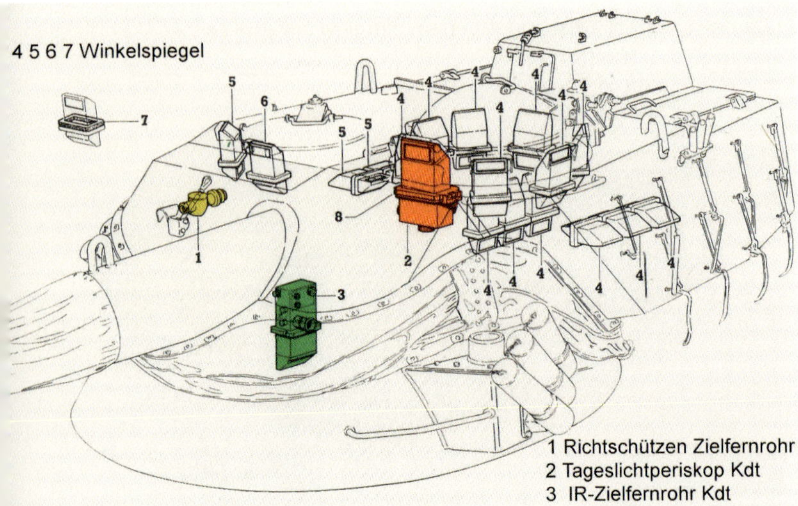

Optiken, Zielfernrohre und die Anordnung von Richtschützenplatz und Kommandantenkuppel im Turm FL12 zeigen ihre Herkunft vom Kampfpanzer Panther.

Der Turm FL12

Der Turm FL12 war eine Entwicklung der Fa. Fives-Lille (FL), die im Auftrag der französischen Armee schon 1946 begonnen worden war. Eine bedeutende Anzahl von Baugruppen wurde vom deutschen mittleren Kampfpanzer Panther übernommen, der damals in der französischen Armee weiterhin im Einsatz war: So zum Beispiel Elemente der Kommandantenkuppel, die Winkelspiegel und Optiken und – ganz wesentlich – die 7,5-cm-Kanone. Der zweigeteilte Turm war eine Neukonzeption weltweit. Im kippbaren Turmoberteil waren die Kanone, eine durch die feste Anordnung von Kanone und Ansetzvorrichtung unkomplizierte Ladeautomatik mit zwei Ladetrommeln mit je 6 Schuss, die 2-Mann-Turmbesatzung und das achsparallele Maschinengewehr eingebaut. Die halbautomatische Ladevorrichtung erlaubte eine Feuergeschwindigkeit von 10 bis 12 Schuss pro Minute, die kaum ein anderer Panzer, der von Hand geladen werden musste, erreichen konnte. Als großer Vorteil erwies sich der starre Einbau der Kanone zusammen mit allen zugehörigen Zielvorrichtungen. Es gab keine Verbindungsgestänge, die zum Beispiel beim M60 immer wieder ein Nachjustieren der Optiken erforderten. Beim Einschießen des Jagdpanzers wurde der Abgangsfehler bestimmt und auskorrigiert, dann alle Schrauben fest angezogen. Die Justierung veränderte sich dann nicht mehr.

Beim Schießen mussten die Turmbesatzungen allerdings umlernen: Die in der Panzertruppenschule eingelernte »Zielansprache«, mit der Panzerkommandant den Richtschützen auf ein erkanntes Ziel einzuweisen versuchte (z. B. »2 Uhr in 500 m Baumgruppe, einen Fingerbreit links davon ein Panzerfahrzeug«) war nicht mehr erforderlich. Wenn ein Ziel in der Kommandantenoptik zu sehen war, hatte es der Richtschütze im gleichen Augenblick in seinem Fadenkreuz, und jede weitere Anweisung war überflüssig.

Die AMX-Lösung sah vor, dass der Kommandant laden musste und der Richtschütze allein schießen konnte. Die österreichischen Türme wurden so umgebaut, dass jedes Besatzungsmitglied laden, zielen und schießen konnte. Dies verlangte neben der Anpassung der Turmhydraulik und der Richtgriffe ein neues Tageslicht-Zielperiskop für den Kommandanten, in dem die Zielentfernung eingestellt werden konnte. Die Firma Swarovsky konnte relativ rasch ein passendes neues Zielperiskop liefern. In der Nacht konnte der Kommandant sein Tageslicht-Periskop gegen ein IR-Periskop auswechseln. Der Jagdpanzer wurde so zum ersten nachtkampftauglichen Panzerfahrzeug der österreichischen Armee. Im Nachtkampf schoss bei Rotlicht der Kommandant mit seinem IR-Periskop, bei Weißlicht der Richtschütze mit seinem normalen Zielfernrohr.

Kanone und Ladeautomatik funktionierten ähnlich wie bei einer Pistole. Der erste Schuss musste mit der Hand geladen werden. Beim Abschuss spannte das zurücklaufende Bodenstück den Ansetzer, der Verschluss öffnete sich, die leere Hülse wurde durch eine sich öffnende Luke im Turmheck ausgeworfen und nahm dabei den Großteil der Pulvergase mit, sodass der Panzer ohne Rauchabsauger auskam. Die Besatzung ließ eine passende Granate (Sprenggranate oder Hohlladungsgranate) aus einer der beiden Ladetrommeln auf die Lademulde rollen, sie wurde durch den Ansetzer ins Rohr geschoben, wobei sich der Verschluss schloss und die Kanone wieder feuerbereit war. In Summe waren damit 13 Schuss sofort verfügbar.

Bei einer Vorführung in Saudi-Arabien konnte eine Besatzung tatsächlich zwölf Ziele (Autowracks) in größerer Entfernung (mehr als 1000 m) innerhalb einer Minute erfolgreich bekämpfen. Die neue 10,5-cm-Kanone wies noch immer die Merkmale der ehemaligen Panther-Kanone auf. Für die Mündungsbremse verwendeten die Franzosen einfach eine Kopie der doppelten Mündungsbremse der deutschen lFH 18/40. Die Kartusche war mit der der amerikanischen 10,5-cm-lFH M2 identisch und konnte mehrmals kalibriert und mit Treibpulver wiedergeladen werden.

Die Streuung der Kanone war extrem gering und die Trefferwahrscheinlichkeit sicher größer als jene der PzK M68 des M60. Bei dem üblichen Übungsschießen erzielten die Jagdpanzerverbände konstant bessere Treffergebnisse als die M60-Panzerbataillone. Nach Einführung eines Laser-Entfernungsmessers und gründlicher Schulung der Besatzungen lag die Erstschusstrefferwahrscheinlichkeit auf einer Fläche eines Quadratmeters bei 1.700 m Schießentfernung.

Einige weitere Vorteile ergaben sich aus der Bauart des neuen Fahrgestells: Der AMX benötigte eine automatische Abschaltvorrichtung in der Turmhydraulik, weil sonst das Turmheck beim Drehen gegen den erhöhten Vorderteil der Panzerwanne angeschlagen hätte. Dieser Vorgang resultierte immer in einem schweren hydraulischen Schlagvorgang innerhalb der Turmverrohrung und war die Ursache so mancher Ausfälle der Turmhydraulik. Durch die völlig ebene Oberfläche des Jagdpanzer-Fahrgestells konnte diese Abschalt-Vorrichtung ersatzlos entfallen. Dadurch sanken die Ausfälle der Turmhydraulik nahezu auf null.

Im Zuge des Erprobungsvorhabens durchfuhren der Prototyppanzer und der AMX-13 ca. 9.000 km, wobei mittlere und schwere Geländeabschnitte, Straßen und Steilhänge mit Schießhalten abwechselten. Es stellte sich heraus, dass der Prototyp des neuen Jagdpanzers von Anfang an dem AMX-13 an Wendigkeit, Beschleunigungsvermögen, Fahrkomfort durch die bessere Drehstabfederung und auch in der Fahrgeschwindigkeit überlegen war. An Mängeln stellten sich schlechte Kaltstarteigenschaften, unbefriedigende Leistung der Zusatzheizung, schwarzer Abgasqualm beim Beschleunigen und eine ungenügende Leistung der vom AMX übernommenen Lichtmaschine heraus. Bei Leerlaufdrehzahl des Fahrzeugmotors lieferte diese AMX-Lichtmaschine zu wenig Leistung, um den Turm und die daran hängenden Stromverbraucher klaglos betreiben zu können.

Die Steyr-Daimler-Puch AG baute darauf eine verbesserte Schaltung für das ZF-Wechselgetriebe, eine Kraftstoffmengenregelung mit Starthilfseinrichtung zur Vermeidung des Qualmens und eine verbesserte Heizung ein. Die AMX-Lichtmaschine wurde durch eine neue, sehr leistungsfähige AEG-Lichtmaschine ersetzt, die bis zum Ende der Lebenszeit der Panzer keine Probleme machte und immer genügend Leistung lieferte, auch dann noch, als neue zusätzliche Geräte das elektrische System immer mehr belasteten.

Das Einradien-Lenkgetriebe wies beachtliche Fahreigenschaften auf. Der Panzer konnte beispielsweise in der Fahrt einen Haken von 90° schlagen und war in jeder Hinsicht dem AMX-13 überlegen. Trotzdem entschlossen sich die Hersteller, einem neuen Trend folgend, das Einradien-Lenkgetriebe durch ein hydrostatisches Überlagerungslenkgetriebe zu ersetzen.

Die Detailerprobung des ersten Prototyps bei der Panzertruppenschule hatte außerdem zu zahlreichen Verbesserungsvorschlägen geführt, zum Beispiel hinsichtlich der Anordnung der Bedienungseinrichtungen, der Bordausrüstung, der Instrumente und der Bewaffnung, sodass klar wurde, dass der Sprung vom Prototyp I zu einer Serienfertigung nicht wie geplant gelingen würde. Das neue Überlagerungs-Lenkgetriebe versprach erhebliche Vorteile, nicht so sehr bei der Leistung, als bei der Bedienung. Es wurde daher die Beschaffung eines zweiten Prototyps und einer Vorserie von fünf Jagdpanzern beschlossen.

Der Prototyp II (Fahrgestell Nr. 372-1) wurde im Sommer 1969 ausgeliefert, etwa vier Jahre nach dem Beginn des Projekts. Zu dieser Zeit hätte bereits die Serienfertigung anlaufen sollen. Eine Überprüfung der bisherigen Verfahrensweisen zeigte, dass die Ursachen des völlig unbefriedigenden zeitlichen Verlaufs weniger bei den technischen Problemen gesucht werden mussten, als bei der für solche Entwicklungsaufgaben vollkommen ungeeigneten Geschäftsordnung des Ministeriums. Es gab Probleme bei der Kompetenzverteilung, der Bürokratie, dem mühsamen Bestellvorgang und den daraus resultierenden schleppenden Lieferterminen der Vertragsfirmen. Es wurde daher eine Projektleitung[14] eingerichtet, deren Aufgabe es war, bei der Erprobung und Fertigstellung des Prototyps II für eine bessere Koordination, eine Zusammenlegung der bisherigen technischen Erprobungen und Truppenerprobungen und die

[14] Zum Projektleiter wurde Hauptmann Dipl.-Ing. F. Felberbauer bestimmt.

Zusammenstellung einer ständigen Erprobungstruppe aus dem Personal der fachlich zuständigen Abteilungen zu sorgen.
Für die Erprobung des Prototyps II war vorgesehen, die Einhaltung der damals bekannt gewordenen internationalen Normen – z. B. aus dem NATO-Vergleichstest zwischen dem mKPz Leopard 1 und dem mKPz

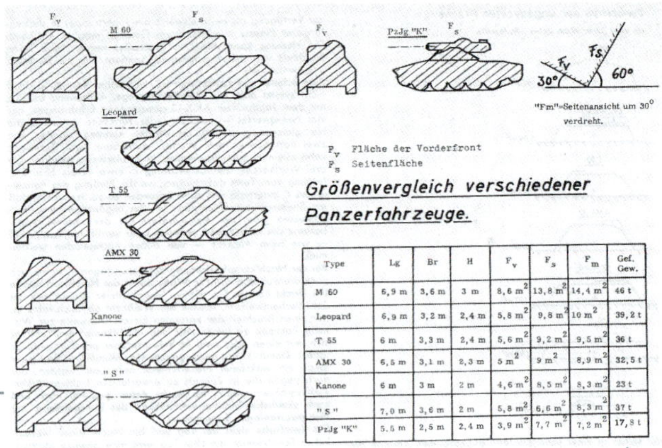

Type	Lg	Br	H	F_v	F_s	F_m	Gef. Gew.
M 60	6,9 m	3,6 m	3 m	8,6 m²	13,8 m²	14,4 m²	46 t
Leopard	6,9 m	3,2 m	2,4 m	5,8 m²	9,8 m²	10 m²	39,2 t
T 55	6 m	3,3 m	2,4 m	5,6 m²	9,2 m²	9,5 m²	36 t
AMX 30	6,5 m	3,1 m	2,3 m	5 m²	9 m²	8,9 m²	32,5 t
Kanone	6 m	3 m	2 m	4,6 m²	8,5 m²	8,3 m²	23 t
"S"	7,0 m	3,6 m	2 m	5,8 m²	6,6 m²	8,3 m²	37 t
PzJg "K"	5.5 m	2,5 m	2,4 m	3,9 m²	7,7 m²	7,2 m²	17,8 t

Es war naheliegend, den Größenvergleich auf die gesamte Fläche eines Panzer auszudehnen. Der österreichische Jagdpanzer bietet von allen damals gängigen Panzerfahrzeugen die geringste frontale Zielfläche. Seitlich ist der schwedische S-Panzer zwar kleiner, aber in der Schrägansicht unter 30° (so greifen Panzer an) liegt der Kürassier wieder vorne.

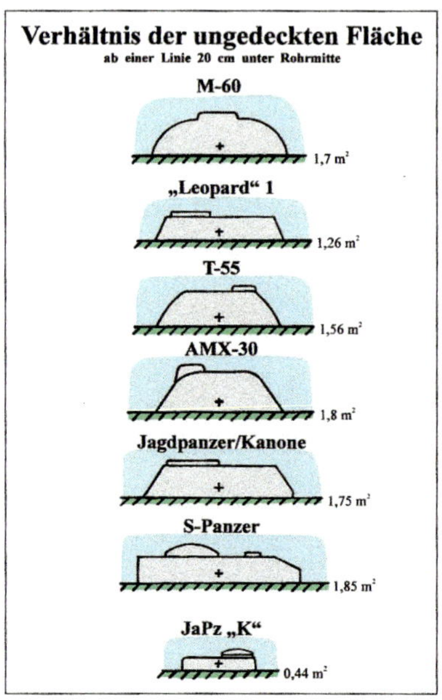

Der Turm des Kürassiers wies die mit Abstand kleinste Trefferfläche aus.

AMX-30 – anzuwenden. Dies bedeutete Dauerfahrleistungen von 250 km auf Straßen und fünf Stunden in schwerem Gelände.
Schon die ersten Vergleichsfahrten zeigten die Vorzüge des neuen Lenksystems. Die Auslegung war so geglückt, dass der Panzer ausgezeichnete, fast Pkw-artige Fahreigenschaften aufwies. Auf normalen Straßen konnte problemlos mit dem 3. bis 5. Gang gefahren werden. Der Lenkradius passte immer zur möglichen Fahrgeschwindigkeit. Als besonders vorteilhaft erwies sich die hervorragende Kursstabilität. Im Gegensatz zum AMX-13 und M60A1 behielt der Jagdpanzer seine Fahrtrichtung bei, auch wenn jede Kette auf einem anderen Untergrund abrollte. Auf Straßenfahrten zeigte sich nie die Tendenz, nach rechts abzuweichen und in den Straßengraben zu rutschen, eine Eigenschaft, die beim AMX-13 konstante Aufmerksamkeit und Lenkkorrekturen erforderte. Der Fahrer des Jagdpanzers konnte während einer Lenkbewegung auch schalten und bei Notwendigkeit auf der Stelle drehen, indem bei Leerlaufschaltung eine Kette nach vorne und die andere zurücklief. Die Kursstabilität konnte auch auf schwierigen Gefällestrecken gehalten werden. Die ursprüngliche Befürchtung, dass sich beim Bergabfahren – in diesem Fall wird die Ölpumpe der Lenkhydraulik nur mit der Leerlaufdrehzahl des Motors angetrieben – Schwierigkeiten ergeben könnten, erwies sich als unbegründet. Der Panzer blieb auch bei eisglatter Fahrbahn gut lenkbar. Ein zum Vergleich mitfahrender AMX-13 rutschte denselben Hang in unkontrollierbaren Kreiselbewegungen hinunter. Die von der Lenkung völlig unabhängigen Scheibenbremsen verbesserten die Fahrsicherheit. Der mangels genauer Messeinrichtung geschätzte Kraftstoffverbrauch wurde mit 0,9 l/km auf der Straße und 1,2 l/km im Gelände ermittelt.
Die Projektleitung erhielt die Genehmigung, die vorgeschriebene Dauerleistung durch eine mehrtägige Österreich-Rundfahrt auf Straßen, Autobahnen, Gebirgswegen und Pässen mit Überquerung des Alpenhauptkammes durchzuführen. Dabei hatte man einen ähnlichen Vorgang bei der Erprobung des Prototyps des russischen T-34 im Auge, eines Panzers, den einige Teilnehmer des Erprobungsteams noch selbst gefahren hatten. Es wurden bei dieser Erprobungsfahrt 1.853 km zurückgelegt, wobei eine Durchschnittsgeschwindigkeit 40–45 km/h gehalten werden konnte. Anschließend wurden auf dem Truppenübungsplatz Allentsteig viermal die vorgeschriebenen Geländedauertests vom je fünf Stunden gefahren. Weitere Vergleichsfahrten im Winter 1971/72 ergaben eine haushohe Überlegenheit des Jagdpanzers »Kürassier« über die amerikanischen mKPz M47 in Bezug auf Reichweite, Geländegängigkeit, Wendigkeit, Beschleunigungsvermögen und vor allem im Kraftstoffverbrauch bei winterlichen Verhältnissen. Der M47 hatte bei Tiefschnee und fast sibirischen Verhältnissen in Allentsteig bereits nach ca. 25 km seine 1000 Liter Superbenzin verbraucht und blieb einfach stecken. Der Jagdpanzer

durchquerte unter denselben Bedingungen mehrmals mühelos den ganzen Truppenübungsplatz. Eine spätere Erprobung in Tunesien ergab dasselbe unter den Bedingungen dieser Klimazone gegenüber dem mKPz M48. Das ausgezeichnete Vergleichsergebnis in diesem nordafrikanischen Land resultierte im ersten Exportauftrag für österreichische Panzerfahrzeuge.

Die Zeit bis zur Auslieferung der Vorserie wurde zur Ausführung einer Reihe von Einzelerprobungsaufträgen genützt. In einer mehrwöchigen Nachtkampfphase überprüfte man im Vergleich mit zwei nach amerikanischem Muster für den Nachtkampf ausgerüsteten M60A1 die zur Auswahl stehenden IR-Weißlicht-Scheinwerfer. Die Entscheidung fiel für den Scheinwerfer der Firma AEG, der sich dem amerikanischen XENON-Scheinwerfer als in jeder Hinsicht überlegen zeigte. AEG verlegte daraufhin die Fertigung des Scheinwerfers nach Österreich, und er wurde auch von Österreich aus exportiert. Gleichzeitig wurden die Einbaumethode der Nachtzielgeräte, der IR-Warngeräte, die Unterbringung der Fernmelde- und Bordsprechanlage, die Möglichkeiten des ABC-Schutzes, die Verstaumöglichkeit der Munition im Turm und das neue Zielperiskop für den Panzerkommandanten ausprobiert. Die Befestigung des Scheinwerfers auf dem Panzerkasten des Laser-Entfernungsmessers erwies sich im Nachtkampf als großer Vorteil. Der Scheinwerfer schien im Raum zu schweben, ohne jeden Bezug zur Umgebung, beleuchtete den eigenen Panzer nicht und konnte mit dem optischen Entfernungsmesser des M60A1 nicht angemessen werden. Beim M60A1 beleuchtete der auf der Kanone befestigte Scheinwerfer das Rohr und dazu das Gelände vor dem Panzer, sodass es relativ einfach war, die Schießentfernung zu bestimmen. Der Infrarot/Weißlicht-Zielscheinwerfer mit dazugehörigem IR-Zielfernrohr machte den Jagdpanzer zur ersten voll nachtkampftauglichen Waffe des österreichischen Bundesheeres.

Weltweit erstmalig wurde in einem Panzer serienmäßig unter Panzerschutz ein Laser-Entfernungsmesser eingebaut. Er verbesserte die mögliche Einsatzschussweite um über 700 Meter, weil die Entfernung nicht mehr vom Panzerkommandanten geschätzt werden musste. Eine Schätzung durch die Besatzung kann wegen der Anordnung der Augen (Augenabstand) beim Menschen maximal bis 400 m halbwegs genau sein. Der Laser war bis zur Grenze der Sichtweite immer auf ±5 Meter genau. In der Nacht war das Auftreffen des Laserstrahles auf dem Zielobjekt im IR-Periskop als Lichtfleck deutlich sichtbar, der Zielvorgang wurde erheblich beschleunigt.

Zur Verminderung von Witterungseinflüssen auf die Treffleistung erhielt die Kanone zusätzlich eine Rohrschutzhülle aus Aluminium. Die Ketten mussten durch die höhere Gefechtsmasse gegenüber dem SPz verstärkt werden und erhielten Hartmetallstollen, die beim Winterbetrieb eingeschlagen werden konnten, um das Fahrverhalten auf Eis zu verbessern.

Ein Jagdpanzer in Wannenstellung bietet eine Zielfläche von weniger als einem Quadratmeter. Der auf dem Turmkippteil montierte Scheinwerfer beleuchtet beim Einsatz die Umgebung nicht und kann mit optischen Entfernungsmessern nicht angemessen werden.

4.4.2 BERGEPANZER GREIF 4KH7FA-B

Als Variante des JaPz Kürassier, die als erstes Modell einer Erweiterung der österreichischen Panzerfamilie mit Motor hinten angesehen werden kann, wurde der Bergepanzer Greif (BgePzG) mit einer Hauptwinde von 20 Tonnen Zugkraft und einem Auslegerkran mit maximal 6,5 Tonnen Hubkraft gebaut. Der Bedarf an einem geeigneten Bergepanzer hatte sich schon während der Erprobung der Prototypen des Jagdpanzers herausgestellt. Das Bundesheer verfügte damals nur über vier völlig veraltete Bergepanzer M32 auf dem Fahrgestell des mKPz Sherman.

Um die bürokratischen und geschäftsordnungsbedingten Probleme zu umgehen, die die Anfangsphase der Jagdpanzer-Entwicklung geplagt

Bergung eines Jagdpanzers.

Schnittbild des Bergepanzers.

Der Bergepanzer mit ausgefahrenem Kran.

hatten, nahm der Projektleiter Zuflucht zu einem Kunstgriff: Statt der 122 Stück der ersten Serie des Jagdpanzers wurden 123 Stück bestellt, mit der mündlichen Absprache, dass die Kaufsumme für den 123. Jagdpanzer als Anzahlung für einen Bergepanzer-Prototyp zu verwenden wäre. Das ist bis heute noch niemandem offiziell aufgefallen. Als nächstes wurde im Verteidigungsministerium eine »Sponsorenrunde« bei den budgetführenden Referaten der zukünftigen Bedarfsträger eingeleitet, also bei Pionieren, Panzern und Kraftfahrwesen, und nur durch gutes Zureden ohne großen bürokratischen Aufwand kam in eigentlich überraschend kurzer Zeit der nötige Restbetrag für den Bau eines Bergepanzer-Prototyps zustande.

In der Zwischenzeit wurden verfügbare Daten bestehender ausländischer Bergepanzer zusammengetragen und ausgewertet, wobei es gelang, durch frühzeitiges direktes Einschalten aller Bedarfsträger ein Konzept zu entwickeln, das allseitig akzeptiert wurde. Das Hauptproblem bestand darin, die irrige Meinung auszuräumen, dass ein Bergepanzer mit seiner Motorleistung ein Schadfahrzeug aus einem Graben zu ziehen hätte. Diese Auffassung scheint sich aus der Tatsache abzuleiten, dass das Bundesheer anfangs nur einen einzigen Bergepanzer T-34 und vier US-Bergepanzer hatte, die über keinerlei wirksame Bergewinden verfügten.

Bergepanzer 4KH7FA-B Greif	
Hersteller	Steyr-Daimler-Puch A.G., Werk Wien
Gefechtsgewicht (kg)	20.700
L/B/H (mm)	6.710/2.500/2.800
Rollenlaufwerk	5 Laufrollen, 3 Stützrollen
Motor	Steyr 7FA mit 320 PS bei 2.300 U/min
Höchstgeschw. (km/h)	68
Steigfähigkeit (%)	70
Kletterfähigkeit (mm)	800
Überschreitfähigkeit (mm)	2.400
Watfähigkeit (mm)	1.000
Hauptwinde	Rotzler-Trommelwinde mit 95 m Seillänge, Seildurchmesser 24 mm
Zugkraft (t)	20
Hilfswinde	Rotzler-Trommelwinde mit 42 m Seillänge, Seildurchmesser 14 mm
Drehkran	Palfinger-Kran, Kranarmlänge von 3.000 bis 3.900 mm ausfahrbar, 234° Schwenkbereich, Hubkraft 6.580 kg
Ausrüstung	Hydraulische Stützschaufel, autogenes Schneid- und Schweißgerät, Elektro-Schlagschrauber, am Heck Lastpalette, belastbar bis zur Masse eines Ersatzmotors
Besatzung	4 Mann
Bewaffnung	12,7-mm-üsMG M2, Nebelwurfanlage
Baujahre	1974–1976

Das Bergen ist mit einer genügend starken Seilwinde des Bergepanzers durchzuführen, wobei sich dieser mit seiner Stützschaufel im Gelände sicher verankern können muss. Die logische Folge ist, dass ein Bergepanzer wegen der Konfiguration seiner Stützschaufel für Räumarbeiten ungeeignet ist, weil die Stützschaufel so konstruiert sein muss, dass sie sich im Gelände festgräbt. Räumen ist die Aufgabe einer Schubraupe oder der dafür konstruierten Räumschaufel eines Pionierpanzers. Natürlich kann ein Bergepanzer geborgene Schadfahrzeuge ziehen, das ist aber nicht seine Hauptaufgabe, weil in der Regel ein schwerer Lkw genügte, um ein Schadfahrzeug der österreichischen Panzerfamilie im ebenen Gelände abzuschleppen.
Um das Auslegen des schweren Bergeseils zu erleichtern, wurde eine Hilfseilwinde mit leichterem Seil eingebaut, das von Hand ausgelegt werden konnte und das eigentliche schwere Zugseil zum Schadfahrzeug zog. Für Hubaufgaben dient ein Drehkran mit veränderlichem Lastarm und etwa 6,5 t Hubkraft.
Nach den Erfahrungen beim Jagdpanzer wurde der Prototyp nicht nur der »zuständigen« Panzertruppenschule, sondern jedem Jagdpanzerbataillon zur Erprobung zur Verfügung gestellt. Der Erfolg der Aktion war, dass der Bergepanzer das erste Fahrzeug war, das ohne Vorbehalte akzeptiert wurde.
Es wurden nach und nach 39 Serienfahrzeuge angekauft, bei denen an Stelle des 6FA-Motors mit 300 PS bei 2.500 U/min der neue 7FA-Motor mit 320 PS zum Einbau kam. Der Bergepanzer trägt auf der Motorabdeckung eine Plattform, die es erlaubt, z. B. einen Ersatzmotor mitzuführen. Der Bergepanzer bewährte sich auch bei allen Auslandsvorführungen und konnte auch mittlere Kampfpanzer wie den AMX-30 in schwerem Sand bergen. Zu beachten war, dass bei solchen schweren Bergungen die eingebaute 20-t-Rotzler-Seilwinde mit 95-m Seillänge die maximale Zugkraft nur bei leerer Trommel entfalten konnte. War die erste Trommellänge aufgewickelt, war es zweckmäßig, den Bergepanzer zurückzusetzen und wieder mit der leeren Trommel zu ziehen, weil sonst eine zweite Trommellage bei voller Leistung das darunterliegende Seil zusammengedrückt und beschädigt hätte.

Bergepanzer 4KH7FA-B Greif A1

Bei der Kampfwertsteigerung der Bergepanzer wurde mit Bezug auf das Bergemittel ein völlig neues Konzept verfolgt, um die Bergequalität zu verbessern. Die Seilwinde wurde ausgebaut und durch eine neue 20-t-Rotzler-Spillwinde mit 100 m Seillänge ersetzt. Die Idee stammte aus dem Schiffsbau. Die Winde bestand nunmehr aus zwei Trommeln – einer Arbeits- und einer Speichertrommel – und ersparte das bisher notwendige Zurücksetzen des Bergepanzers während eines Bergevorgan-

Automatgetriebe ZF HP500

Das Automatikgetriebe HP500 von ZF.

Bergepanzer 4KH7FA-B Greif A1	
Umbau	Steyr-Daimler-Puch A.G., Werk Wien, und HZA, Wien und Wels
Gefechtsgewicht (kg)	22.400
L/B/H (mm)	6.710/2.500/2.800
Rollenlaufwerk	5 Laufrollen, 3 Stützrollen
Motor	Steyr 7FA1 mit 320 PS bei 2.300 U/min
Getriebe	ZF HP500 Automatikgetriebe mit »Fuchs«-Umlenkgetriebe
Höchstgeschw. (km/h)	65
Steigfähigkeit (%)	70
Kletterfähigkeit (mm)	800
Überschreitfähigkeit (mm)	2.400
Watfähigkeit (mm)	1.000
Hauptwinde	Rotzler-Spillwinde mit 100 m Seillänge, Seildurchmesser 24 mm Zugkraft 20 t
Hilfswinde	Rotzler-Trommelwinde mit 42 m Seillänge, 14 mm Seildurchmesser
Drehkran	Palfinger-Kran, Kranarmlänge von 3.000 bis 3.900 mm hydraulisch ausfahrbar, 234° Schwenkbereich. Hubkraft 6.580 kg
Ausrüstung	Hydraulische Stützschaufel, autogenes Schneid- und Schweißgerät, Elektro-Schlagschrauber, am Heck Lastpalette, belastbar bis zur Masse eines Ersatzmotors
Besatzung	4 Mann
Bewaffnung	12,7-mm-üsMG M2 bzw. 7,62-mm-MG 74, Nebelwurfanlage: 76-mm-Wegmann-Mehrfachwurfanlage
Baujahre	1999–2002

Der Greif A1 auf einer Übung 1999. (Foto: Nxr-at, © CC BY-SA 4.0)

ges, weil es bei der Arbeitstrommel nie zu einem Übereinanderliegen und damit Zerstören des Zugseiles kommen konnte.

Das Schaltgetriebe wurde wie bei den Jagdpanzern durch ein Automatikgetriebe ZF HP500 ersetzt, welches sich auch deswegen anbot, weil z. B. in Wien alle Gelenkbusse der städtischen Verkehrsbetriebe mit diesem Getriebe fahren und auch dort schon eine Ersatzteilversorgung und Reparaturmöglichkeit bestand. Dieses Getriebe, unter Verwendung des bestehenden Umlenkgetriebes des Transportpanzers Fuchs eingebaut, enthielt zahlreiche Funktionen, die bisher durch eigene Baugruppen mit Riemenantrieb wahrgenommen werden mussten. Der Wegfall dieser kraftraubenden Anlage erhöhte die Motorleistung über Leistungssteigerung durch den 7FA1-Motor hinaus. Um den nötigen Kühlluftdurchsatz sicherzustellen, wurden neue Kühlluftgrills im Heck installiert.

Der Palfinger-Kran, dessen Lastarm bisher von Hand ausgeschoben werden musste, erhielt einen hydraulischen Antrieb mit einem Load-Sensing-System und Funk-Fernsteuerung. Das Laufwerk wurde durch eine fünfteilige Keramikschürze (ballistische Kettenblende) abgedeckt. Die Transportplattform am Heck über dem Motorraum wurde vergrößert, und alle Bergepanzer erhielten eine Feuerwarn- und -löschanlage eingebaut. Weitere Maßnahmen betrafen eine Neugestaltung des Kampfraumes sowie den Einbau eines neuen Nachtsicht-Fahrgerätes für den Fahrer.

Während in den Jahren 2012 bis 2017 die 4K-Jagd- und Schützenpanzer ausgemustert wurden, blieben 24 Bergepanzer A1 und 18 Pionierpanzer A1 weiter im Stand des österreichischen Bundesheeres.

4.4.3 PIONIERPANZER 4KH7FA-PI

Aufbauend auf dem Fahrgestell des Greif folgte ein Pionierpanzer, der erstmalig für ein Steyr-Kettenfahrzeug mit einem automatischen Getriebe des Typs ZF HP500 ausgestattet wurde. Ein Prototyp wurde 1980 vorgestellt. Er verfügte über einen hydraulisch zu betätigenden Tieflöffelbagger, eine Räumschaufel mit drei Metern Arbeitsbreite und einen am Bagger anzubringenden Erdbohrer. Die Erprobungen liefen bis 1982. Danach wurde entschieden, die Räumschaufel auf die Fahrzeugbreite von 2,5 m zu reduzieren und an beiden Seiten mit einem ausklappbaren Seitenteil zu versehen, womit die geforderte Räumbreite von 3 m erreicht wurde, aber bei Straßenmärschen unter Einhaltung der österreichischen Straßenverkehrsordnung auf die sonst erforderliche Lotsung durch die Militärpolizei verzichtet werden konnte. Auf den Erdbohrer, der unter anderem dazu dienen sollte, Trichterladungen zum Sperren von Straßen in der optimalen Tiefe unterzubringen, wurde verzichtet.
Es wurden 19 Pionierpanzer angekauft, die ab 1987 zu je drei Stück dem 1. Panzerpionierzug der Panzerpionierkompanien zugeteilt wurden. Es stellte sich bald heraus, dass mit dem Pionierpanzer ein sehr handliches Fahrzeug für den Einsatz bei Elementarereignissen zur Verfügung stand. Es wird dementsprechend oft für zivile Aufträge z. B. bei Murenabgängen, Überschwemmungen usw. herangezogen. Gleichzeitig bewährte sich das neue Automatikgetriebe ZF HP500 so gut, dass es für die Nachrüstung der gesamten Baureihe der Panzer mit Motor hinten eingesetzt wurde.

Der Pionierpanzer 4KH7FA-PI.

Pionierpanzer 4KH7FA-Pi	
Hersteller	Steyr-Daimler-Puch A.G., Werk Wien
Gefechtsgewicht (kg)	24.000
L/B/H (mm)	7.400 (mit Schaufel)/2.500/3.150
Spurweite (mm)	2.120
Motor	Steyr 7FA mit 320 PS bei 2.400 U/min und Automatikgetriebe ZF HP500
Höchstgeschw. (km/h)	65
Steigfähigkeit (%)	70
Kletterfähigkeit (mm)	800
Überschreitfähigkeit (mm)	2.100
Besatzung	4 Mann
Seilwinde	Rotzler-Trommelwinde mit 55 m Seillänge, 16 mm Durchmesser, 8 t Zugkraft
Hydraulischer Tieflöffelbagger	Auslegerlänge 6.300 mm, Grabetiefe 2.200 mm, Löffelbreite 450 mm
Hydraulische Räumschaufel	Von 2.500 auf 3.000 mm ausklappbar, Hubhöhe 1.200 mm
Ausrüstung	Autogenes Schneid- und Schweißgerät, Elektro-Schlagschrauber, Lastpalette am Heck
Bewaffnung	12,7-mm-üsMG M2, Nebelwurfanlage
Baujahre	1986–1988

4.4.4 EXPORTE

Tunesien

Die Idee, Jagdpanzer zu exportieren, wurde lange für nicht realistisch gehalten. Die Initiative ging von Tunesien aus, als eine Delegation der tunesischen Armee unter dem Generalstabschef General Essousee an den österreichischen Manövern des Jahres 1973 teilnahm. Essousee, ein ehemaliger Divisionsgeneral der französischen Armee, verstand sich bestens mit dem österreichischen Verteidigungsminister. Sie vereinbarten eine Vorführung österreichischer Waffen und Fahrzeuge in Tunesien.
In der Folge wurde eine kleine Mannschaft zusammengestellt, bestehend aus Soldaten und aus Steyr-Personal, die mit einem Jagdpanzer, zwei Schützenpanzern (G1 und San), zwei Steyr-Lkws, zwei Pinzgauer Geländefahrzeugen sowie den österreichischen Handfeuerwaffen (Sturmgewehr StG 77 und Scharfschützengewehr SSG 69) ausgestattet war. Leiter der Erprobung war der tunesische Oberst El Kateb, der gut

Der österreichische Jagdpanzer beim Wettschießen mit dem M48 in Hammamet.

deutsch sprach und sich einiges an Erprobungsaufgaben einfallen ließ. Der österreichische Jagdpanzer gewann einwandfrei ein Wettfahren mit einem amerikanischen KPz M48 in sehr schwierigem Gelände und mehrere Schießen auf gleichartige Ziele in teilweise sehr großen Entfernungen (Lkw 2.700 m).

Bemerkenswert war aber der Nachweis der Panzerdurchschlagsleistung. Die tunesische Armee hatte zwei mehrere Meter lange und etwa 1600 cm breite Panzerplatten von ca. 210 mm Dicke im Abstand von 50 cm nebeneinander eingegraben. Die vorgesehene Schussentfernung von 2400 m stellte schon vor allem deswegen ein massives Problem dar, weil in Österreich lediglich Schießbahnen von maximal 1200 m zur Verfügung standen und daher noch nie auf weitere Entfernungen geschossen worden war. Aufgrund der sehr geringen Streuung der Kanone ließ sich aber noch eine ausreichende Trefferwahrscheinlichkeit für dieses Ziel und diese Entfernung errechnen.

Bei zwei abgegebenen Schüssen mit scharfen Granaten ergab sich tatsächlich ein Treffer auf jeder Platte. Die folgende nähere Besichtigung ergab, dass es sich bei diesen Platten um die Gürtelpanzerung des k.u.k. Schlachtschiffes »Erzherzog Karl« (das namensgebende Schiff aus der 3. Schlachtschiffdivision der k.u.k. Kriegsmarine) handeln musste, welches 1919 an Frankreich ausgeliefert worden war und bei der Überstellungsfahrt von Pola zum Kriegshafen Bizerta auf ein Riff fuhr und abgewrackt wurde. Dieser Gürtelpanzer bestand aus erstklassigen Chrom-Nickel-Panzerstahl und war nach der modernsten und weltweit besten Methode, dem Krupp-Verfahren, im österreichischen Stahlwerk Witkowitz hergestellt und gehärtet worden. Die Härtung erfolgte so, dass zwei Panzerplatten mit der Außenseite nach innen in einem Paket zusammengespannt wurden, das Paket in einem Ofen glühend gehalten und Leuchtgas durch den Zwischenraum geleitet wurde. Das Leuchtgas zerfiel in seine Bestandteile und der gasförmige Kohlenstoff diffundierte in die beiden glühenden Panzerplatten ein. Wurde das Paket nach einiger

Glatter Durchschuss mit einem Schusskanal von ca. 20 mm Durchmesser.

Zeit mit großen Brausen abgeschreckt, bildete sich eine etwa vier Zentimeter dicke glasharte Schicht, die gegnerische Granaten zerspringen oder abprallen ließ. In Unkenntnis dieser Eigenschaft hatten die Tunesier eine Platte mit der harten Schicht zum schießenden Jagdpanzer, die andere je-doch verkehrt herum eingegraben. Beide Platten waren glatt durchschlagen.

Die richtig liegende Platte hatte in der Härteschicht einen nur etwa 20 mm breiten Schusskanal, der sich dann aufweitete, bei der anderen Platte war der Hohlladungskanal in der weicheren Panzerplatte stärker und die Härteschicht war an der Hinterseite in einer Scheibe von ca. 60 mm herausgerissen. Jeder damalige Panzer wäre also auf 2.400 Meter Entfernung abgeschossen worden.

Die Tunesier waren zufrieden, bestellten ein Panzerregiment mit 45 Jagdpanzern und in einer zweiten Tranche Führungs-, Sanitäts- und Bergepanzer. Auch Prototypen eines zukünftigen Pionierpanzers wurden bestellt. In der Folge kaufte Tunesien auch das Steyr-Sturmgewehr und Pinzgauer-Geländefahrzeuge. Das Panzerregiment wurde zuerst an die Grenze zu Libyen verlegt, um die Gelüste Gaddafis zu dämpfen, und bezog dann eine Garnison am Kasserine-Pass an der immer unruhigen algerischen Grenze.

Marokko

Nicht lange nach den Tunesiern lud das Königreich Marokko eine Delegation von Steyr-Daimler-Puch ein, um über ein größeres Paket an Schützenpanzern zu verhandeln. Nach eineinhalb Wochen zäher Gespräche änderten die Marokkaner den Verhandlungsgegenstand und fragten nach einem Angebot an Jagdpanzern.

Es wurden 111 Jagd- und acht Bergepanzer geliefert. Die Mannschaft wurde am Jagdpanzer in Marokko ausgebildet und ging unmittelbar darauf in einen Kampf gegen leichte chinesische Panzerfahrzeuge, vermutlich Kopien des sowjetischen PT-76, welche die aufständischen Polisario im Süden des Landes aus China erhalten hatten. Vier Jagdpanzer gerieten dabei auch in deren Hände. Sie waren offenbar von der Besatzung verlassen in der Wüste aufgefunden worden. Letzten Endes erwiesen sich die Jagdpanzer als überlegen und verdrängten die Polisario aus dem von Marokko beanspruchten Gebiet.

Ein Foto eines Jagdpanzers, der auf eine chinesische Mine gefahren war, gelangte nach Österreich. Es ist ersichtlich, dass die Mine vom ersten Laufrad ausgelöst und unter dem zweiten Laufrad detoniert war. Nach marokkanischem Angaben soll die Besatzung überlebt haben. Der Panzer wäre zu reparieren gewesen. Marokko hatte zur gleichen Zeit sowjetische T-55-Panzer aus tschechischer Fertigung gekauft. Die Tschechen bildeten die marokkanischen Besatzungen zur gleichen Zeit und am selben Schießplatz neben den Österreichern aus. Man sah genau zu. Das tschechische Schießverfahren beeindruckte wenig und schien aus dem Ersten Weltkrieg zu stammen: ein Schuss zu weit, ein Schuss zu eng, dann ein Treffer. Genaue Entfernungsmessung war nicht zu bemerken. Da die Tschechen im Warschauer Pakt den Auftrag hatten, im Kriegsfall vom Thayatal aus durch das Mühl-, Wald- und Weinviertel in das Donautal vorzustoßen und dann Richtung Bayern zu schwenken, konnten die Österreicher nur hoffen, dass das tschechische Militär im Ernstfall auch so schießen würde.

Wrack eines Jagdpanzers der marokkanischen Armee in der Westsahara.

Bolivien

Das folgende Kaufinteresse kam aus Südamerika und erwies sich als extrem schwierig. Das geplante Panzerregiment (36 Panzer und ein Bergepanzer) war in über 4.000 m Höhe oberhalb von La Paz auf der Hochebene zwischen den beiden Andenketten, dem Altiplano, stationiert. Es stellte sich heraus, dass in dieser Höhe die Kanone eine höhere Mündungsgeschwindigkeit von etwa 1.000 m/sec (statt 800 m/sec) erreichte und der Sauerstoffgehalt in der dünnen Luft nicht ausreichen würde, die pro Kolbenhub in den Zylindern eingespritzte Menge Dieselkraftstoff sauber zu verbrennen. Da war es von Vorteil, dass das Wiener Werk seine Motoren selbst entwickelt hatte. Die Motoreneinstellung musste in längeren Versuchen so geändert werden, dass eine Verbrennung ohne Abgasnebel stattfand. Das gelang, wenn auch unter Verzicht auf Motorleistung. Die zugleich mit den Panzern verkauften schweren Steyr-Lkws zogen hingegen lange Rauchwolken hinter sich her.

Der Jagdpanzer ließ sich problemlos mit Herkules-Transportflugzeugen bis nach Südamerika fliegen.

Für die Zieloptiken mussten neue Strichplatten angefertigt und eingebaut werden. Bei den entsprechenden Berechnungen hatte dankenswerterweise das Amt für Wehrtechnik des Bundesheeres Hilfestellung geleis-

Die Jagdpanzer wurden mit Herkules-Transportflugzeugen nach Bolivien verbracht.

tet. Das neu aufgestellte Panzerregiment wurde unter der Leitung von Hauptmann Ebner der Panzertruppenschule im Land ausgebildet und veranstaltete nach dem Ausbildungsabschluss eine fulminante Vorführung vor dem bolivianischen Staatspräsidenten, die einen regelrechten Ordensregen für die österreichischen Ausbilder nach sich zog.

Chile

Es lag nahe, dass das rivalisierende Chile ebenfalls Interesse an den österreichischen Panzerfahrzeugen zeigte, deren gutes Funktionieren gerade im Nachbarland nachgewiesen worden war. Chile bestellte mehrere Regimenter, die neben den Jagdpanzern auch die komplette Ausstattung an Führungs- und Unterstützungsfahrzeugen umfasste. Für einen solchen Export musste in Österreich zwangsläufig ein ausgedehntes Exportgenehmigungsverfahren absolviert werden, und dementsprechend hatte Steyr-Daimler-Puch selbstverständlich bei der Regierung unter Bundeskanzler Kreisky vor Baubeginn angefragt, ob eine Genehmigung erteilt werden würde, und darauf eine positive Antwort erhalten. So wurde für die bestellte Menge an Panzerfahrzeugen das benötigte Material geordert und ausmontiert. Aber erst nach Fertigstellung wurde dann auch ordnungsgemäß ein formaler Exportantrag gestellt, und diesen Antrag spielte ein Beamter des zuständigen Innenministeriums der Presse zu. Nicht nur die üblichen Gruppen an Friedensdemonstranten, sondern auch eine große Anzahl von Exil-Chilenen, die in Österreich Asyl vor der Regierung Pinochet erhalten hatten, begannen darauf in Wien gegen die Lieferung an Chile zu demonstrieren. Diese Demonstrationen weiteten sich schnell auch international aus, und der Druck wurde so stark, dass die Geschäftsleitung von Steyr-Daimler-Puch entnervt das Handtuch warf und vom Liefervertrag zurücktrat.
Es ist festzustellen, dass die Regierung Kreisky den Export zwar nicht verboten, aber auch keine formelle Genehmigung erteilt hatte. Die Folgerung, dass es der Ausfall dieses Geschäftes war, der das Ende der Firma Steyr bedeutete, wäre durchaus berechtigt. Die Gelder, die das Wiener Werk mit den bisherigen Exportaufträgen verdient hatte, waren nämlich vom Konzern zur Sanierung des defizitären Puch-Werks in Graz verwendet worden. Im Werk Wien selbst wurde dagegen nichts investiert. Die erwarteten Erträge des Chile-Geschäftes wären zur Sanierung des Hauptwerkes in Steyr vorgesehen gewesen. Zusammen mit den riesigen Fehlinvestitionen des Hauptwerkes in zwei Lkw-Fabriken in Griechenland und Nigeria war die Pleite unausbleiblich, auch wenn sie nicht sofort eintrat. Der eigentliche Konzernchef, Ex-Finanzminister Androsch als Generaldirektor der Creditanstalt-Bankverein, überredete die Bundesregierung bzw. das Bundesheer, wenigstens 100 Jagdpanzer aus der Chile-Pleite zu übernehmen. Das schaffte etwas Erleichterung, machte der Firma im Heer aber keine Freunde.
Ein weiterer großer Verlierer waren die Vereinigten Österreichischen Eisen- und Stahlwerke (VÖEST). Sie hatten in Chile nach langen Auswahlverfahren den Auftrag für ein Wasserkraftwerk an Land gezogen. Die wegen des Ausfalls der Panzerlieferungen wütenden Chilenen stornierten den Auftrag und vergaben ihn an Frankreich. Zum kompletten Ausfall der Abteilung Maschinenbau, welche die Wannen und Türme für Steyr gefer-

tigt hatte, kam nun der Ausfall der Sparte Wasserbau. Die VÖEST als verstaatlichte Industrie musste mit enormen Steuergeldern saniert werden. Chile aber erhielt natürlich Panzer: Israel verkaufte den Chilenen 150 Sherman-Panzer aus dem Zweiten Weltkrieg, teils mit 7,5-cm-AMX-13-Türmen (M50), teils mit 10,5-cm-AMX-13-D-Türmen (M51) versehen. Und Frankreich lieferte 20 AMX-30.

Argentinien

Der Exportauftrag nach Argentinien brachte für Steyr-Daimler-Puch zwar Erleichterung, aber keine Lösung. Die Argentinier hatten ein komplettes Panzerregiment mit 112 Jagdpanzern und acht Bergepanzern bestellt. Die Exportgenehmigung lag diesmal vor, und ein Teil der Chile-Vorräte konnte verwendet werden. Aber die innenpolitischen Probleme existierten weiter. Die argentinischen Panzer sollten mit Schiffen der argentinischen Kriegsmarine in Jugoslawien abgeholt werden. Als der erste Zug mit Panzern das Werksgelände in Simmering verlassen sollte, wurde er von einer großen Gruppe Demonstranten an der Ausfahrt gehindert.
In den nächsten 14 Tagen verließen mehrere Transporte zu verschiedensten Zeiten das Werksgelände, die Bundesbahn spielte perfekt mit und benützte jedes Mal andere Routen, bis es zur Verladung auf die argentinischen Schiffe kam. Es drohte der Falklandkrieg. Das argentinische Panzerregiment wurde zur Sicherung des Flughafens der Stadt Commodore Rivadavia eingesetzt, von dem aus die argentinische Luftwaffe ihre einige Male durchaus erfolgreichen Angriffe auf die englische Flotte rund um die Falklandinseln startete. Das Wiener Werk von Steyr hatte einige Mechaniker (mit ihren Familien) nach Commodore Rivadavia entsandt, die während des Falklandkrieges dafür sorgten, dass die Panzerfahrzeuge immer betriebsbereit waren. Nach Kriegsende wurde der Verfasser vom Chef der argentinischen Junta eingeladen und erhielt den Auftrag, in Commodore Rivadavia eine umfangreiche Werkstätten- und Lagereinrichtung zur Wartung von Heeresfahrzeugen aller Art einzurichten.

Botswana

20 Jagdpanzer wurden an die Botswana Defence Forces verkauft und dienten zur Aufstellung einer Panzertruppe in dem wohlhabenden südafrikanischen Binnenland. Eine beträchtliche Menge an Ausbildungsmaterial wurde mitgeliefert. Weil dieses Land mit allen Nachbarn in Frieden lebte, war eine Exportgenehmigung kein Problem.

Brasilien

Zuletzt trug die Entwicklungsarbeit der letzten Jahre dann doch noch Früchte. Die brasilianische Marine bestellte 17 Jagdpanzer mit stabilisierten Türmen. Dazu war der Umbau der ehemaligen Chile-Türme nötig, der leider in reichlich plumper Weise erfolgte. Statt einen Panzerteil herzustellen, der – wie bei Prototyp – bis zum Vorderende der Rohrführung reichte und die Turmfront bei viel geringerem Gewicht gegen Beschuss enorm verstärkt hätte, wurden massive, dicke Eisenklötze an der Frontplatte des Gussturmes befestigt, die wegen des geringeren Hebelarmes bis zum Schildzapfen wesentlich schwerer waren und geradezu als Geschossfang dienen mussten.

Die Türme der Jagdpanzer waren stabilisiert worden, wenn auch reichlich plump.

Brasilianischer Jagdpanzer im Einsatz.

4.4.5 WEITERENTWICKLUNGEN DES JAGDPANZERS DURCH DIE STEYR-DAIMLER-PUCH AG WERKE WIEN

Kürassier 4K7FA mit Prototypturm Typ JT2 mit Turmstabilisierung, Feuerleit- und Nachtsichtanlage

Jedes Kampffahrzeug erleidet während seiner Lebensdauer eine konstante Verminderung seines Kampfwertes. Bei Kampfpanzern ist die Annahme berechtigt, dass nach 30 Dienstjahren ihr Kampfwert durch die verbesserte Technologie später entwickelter und später in Gebrauch genommener Fahrzeuge auf etwa die Hälfte gefallen ist. Die Konzepterstellung für den Steyr-Jagdpanzer erfolgte 1966, die damals modernste Kampfpanzergeneration waren der Leopard 1, der AMX-30 und in der Sowjetunion der T-55. Der JaPz war als erstes Panzerfahrzeug der Welt mit einem Laser-Entfernungsmesser ausgerüstet und konnte durch die Verwendung der Munition des AMX-30 jeden der damaligen Kampfpanzer auf jede Kampfentfernung abschießen. Durch seine Infrarotausrüstung war er als erstes österreichische Panzerfahrzeug voll nachtkampftauglich.

Trotz erfolgreicher Vorführungen konnte sich das österreichische Bundesheer nicht zu einer Einführung des Jagdpanzers mit dem stabilisierten Turm JT2 entschließen.

Seither sind weltweit bedeutende technologische Verbesserungen eingeführt und sowohl im Westen wie im Osten mehrere neue Kampfpanzer in Dienst gestellt worden. Obwohl geplant war grundsätzlich an der Einsatztaktik eines Jagdpanzers festzuhalten, nach der aus dem Stand auf fahrende Ziele geschossen wird, war von der Tatsache auszugehen, dass die neu zu bekämpfenden Ziele schneller fuhren und besser gepanzert selbst in der Lage waren, auch aus der Fahrt zielgenau zu schießen.
Ohne eine Gewichtung vorzunehmen, kann man folgende Neuerungen aufzählen, wobei entscheidende Verbesserungen im Panzerschutz erfolgten, die natürlich Verbesserungen an den Kanonen und der Munition nach sich zogen. Zu nennen wären hier Verbund- und Zusatzpanzerungen, die die Wirkung der eingeführten Hohlladungsmunition entscheidend verminderten. Entwickelt wurden Hohlladungsgranaten (HEAT), die aus Glattrohrkanonen mit Flügelstabilisierung verschossen wurden, nachdem man erkannt hatte, dass der Drall, den die gezogenen Kanonen auf das Geschoss übertrugen, die Hohlladungsleistung erheblich verminderte. Bei der Wuchtmunition zeichnete sich der Ersatz der bisherigen Treibspiegelmunition (APDS) durch flügelstabilisierte Pfeilmunition ab.
Hier ist festzustellen, dass Frankreich schon früh mit der drallstabilisierten Hohlladungsgranate des AMX-30, die auch der Jagdpanzer Kürassier verschoss, eine Verbesserung der Durchschlagswirkung erreicht hatte, deren Leistung aber infolge des nur begrenzt möglichen Hohlladungsdurchmessers des Gefechtskopfes gegenüber modernisierten Panzerungen nicht mehr genügte und durch eine Pfeilmunition hoher Geschwindigkeit ersetzt werden musste.
Eine solide Neuerung war die Stabilisierung der Waffenanlage, die vor allem die Zeit zwischen Auffassung des Zieles und dem Abschuss verkürzte.
Die Idee, die Panzerkanone zu stabilisieren, ist alt und tauchte bereits in den 1930er Jahren auf. Steyr plante daher bereits 1977, der internationalen Entwicklung Rechnung zu tragen und den Turm des Jagdpanzers mit einer vollautomatischen Feuerleitanlage nachzurüsten und zu stabilisieren. Der Turm FL12 bot sich dafür an, weil das bewegliche Kippteil des Turmes FL12 die Besatzung, die Kanone, das Bord-MG, alle

Optiken und die Ladeautomatik mit den Ladetrommeln enthielt und alle diese Elemente im Zusammenhang mit dem Turmdrehteil kardanisch aufgehängt waren und in zwei Ebenen stabilisiert werden konnten. Auf eine Stabilisierung der dritten Ebene (Fahrzeuglängsachse) konnte verzichtet werden, weil diese Achse die geringsten Störungen aufwies. Stabilisiert man dieses Kippteil, muss nicht wie bei anderen Türmen die gegen den Turm stabilisierte Kanone zum Laden abgeschaltet werden und in eine Ladestellung gebracht werden, weil sie fix mit der Ladevorrichtung zusammengebaut ist. Im so stabilisierten Turm kann in jeder Position geladen werden. Dies erhöht die Feuergeschwindigkeit enorm.

Das Kippteil des Turmes FL12 ist auch ohne Munitionsbeladung normalerweise am Heck schwerer, die Bereitschaftsmunition von 12 Schuss trägt zu dieser Hecklastigkeit zusätzlich bei. Dieses Übergewicht am Turmheck wurde im Prototyp durch eine geänderte, weiter vorgezogene Turmfront kompensiert, die auch den Panzerschutz auf den Wert eines M60-Turmes erhöhte. Der freie Raum hinter dieser Frontpanzerung hätte für zusätzliche passive Panzerung im Sinne einer Chobham-Panzerung genutzt werden können. Die Masse der im Turmheck lagernden Munition konnte dadurch nur teilweise ausgeglichen werden. Das Gleichgewicht wurde aber durch den ohnehin eingebauten Turmgewichtsausgleich im nötigen Umfang hergestellt.

Durch die Fa. AEG wurde dem Wiener Werk eine für die Turmwaffe des deutschen Schützenpanzers HS 30 entwickelte Waffenstabilisierungselektronik vorgestellt, die sich an den FL12-Turm anpassen ließ. Diese Stabilisierungselektronik wurde an die bestehende Turmhydraulik angebaut. Die Steuerung erfolgte durch mehrere Sensoren, und auch der Richtgriff des Richtschützen war in das System integriert. Die Sensoren bewirkten während der Fahrt, dass eine Übertragung der Fahrzeugbewegungen auf das Turmoberteil verhindert wurde, indem die Stabilisierungselektronik die Messwerte in Steuerbefehle an die Turmhydraulik umwandelte, die die Fahrzeugbewegung durch eine gegenläufige Richtbewegung überlagerte. In gleicher Weise erfolgte die Stabilisierung des Turmdrehteils in der Horizontalen.

Damit konnte ein Ziel bereits während der Fahrt angerichtet und verfolgt werden. Der Vorteil war, dass auch die Besatzung mitstabilisiert war und damit eine unerreichte Qualität in der Gefechtsfeldbeobachtung und Zielerfassung durch die vorhandenen Optiken ermöglicht wurde. Die Stabilisierungsgenauigkeit war so gut, dass bei mittlerer Fahrgeschwindigkeit in mittelschwerem Gelände eine Reaktionszeit bis zum Schuss von weniger als zehn Sekunden erreicht wurde. Auf der international standardisierten APG-Bahn (Aberdeen Profing Ground), einer festliegenden Serie von auf den Boden aufliegenden Höckern mit festgelegten unregelmäßigen Abständen, konnte bei 40 km/h Fahrt eine Stabilisierungsgenauigkeit von 0,6 Strich gehalten werden.

Die eingebaute Feuerleitanlage FLER-H der Firma AEG bestand aus dem Zielgerät des Richtschützen mit integriertem Laser-Entfernungsmesser und rechnergesteuerter Zielmarke, einem Feuerleitrechner und den dazugehörigen Sensoren.

Der Laser lieferte die genaue Zielentfernung, die Zielverfolgung mit dem Richtgriff die relative Zielgeschwindigkeit. Eingespeist wurden Luftdruck, Lufttemperatur, Querwind und Pulvertemperatur. Der Rechner korrigierte verzögerungsfrei die Zielmarke und bei Nacht die Zielmarke des Nachtsichtgerätes beim Kommandanten. Nach einem Schuss konnte durch die mitstabilisierte Ladeautomatik sofort nachgeladen werden, ohne dass die Kanone wie bei stabilisierten Panzertürmen in eine festgelegte Ladeposition gebracht werden musste. Im Rechner war die Ballistik für beide Munitionstypen plus einer möglichen Reservetype gespeichert.

Als Nachtsichtanlage war eine Fernseh-Beobachtungs- und Zielanlage PZB 200 der Firma AEG eingebaut. Die Kamera war in einer Justierhalterung am Turmdach mit möglichst geringer Parallaxe montiert, der Monitor befand sich beim Panzerkommandanten. Die rechnergesteuerte Zielmarke erlaubte problemlos das Schießen bei Nacht.

Im Erprobungsbetrieb stellte sich heraus, dass bei längerer Stabilisierungsfahrt eine starke Erhitzung des Hydrauliköles auftrat. Durch den Einbau des größeren Hydraulikbehälters des französischen Kampfpanzers AMX-30 wurde versucht, diesen Mangel zu beheben, was die Situation verbesserte, allerdings das Problem nicht im vollen Umfang behob.

Der Jagdpanzer mit Turm JT2 verfügte durch die gemeinsame Stabilisierung von Kanone und Ladeautomatik über eine nie wieder erreichte Feuerfolge. Trotz recht erfolgreicher Vorführungen konnte sich das österreichische Bundesheer nicht zu einer Einführung entschließen. Der Panzer wurde zur Truppenerprobung an die Panzertruppenschule übergeben. Trotz längerer Verweildauer bei dieser Schule ist bis heute kein Erprobungsbericht zu finden.

Die Steyr-Daimler-Puch AG hat aufgrund einer Ausschreibung dem US Marine Corps ein Angebot für diesen Jagdpanzer mit dem stabilisierten Turmtyp JT2 vorgelegt und später 17 Stück an die brasilianische Marine verkauft (s. oben: Exporte/Brasilien). Diese brasilianische Serie stellte jedoch in mehrfacher Hinsicht einen Rückschritt gegenüber dem Prototyp dar. Man hat den Turmgewichtsausgleich in primitiver Weise durch Auflegen von massiven Gewichten auf die Frontplatte des Turmes hergestellt, statt wie beim Prototyp eine zusätzliche Turmpanzerung bis zum Austrittspunkt des Rohres vorzuziehen, wodurch bei wesentlich geringerer Gesamtmasse gleichzeitig auch eine Verbesserung des Panzerschutzes erreichbar war.

Jagdpanzer mit Turm JT3 bei der Schießerprobung.

Jagdpanzer mit Turm JT3 und modifizierter 10,5-cm-PzK M68	
Hersteller	Steyr-Daimler-Puch A.G. Wien
Gefechtsgewicht (kg)	20.720
L/B/H (mm)	5.582 (8.729 mit Waffe)/2.500/2.760
Motor	Steyr 9FA mit 360 PS und 2.300 U/min
Höchstgeschw. (km/h)	65,5
Reichweite (km)	420 (Straße)
Besatzung	3 Mann
Bewaffnung	105-mm-PzK M68, modifiziert

Jagdpanzer 4K9FA mit Turm JT3, elektrischem Antrieb und Panzerkanone M68

Nach den grundsätzlich guten Ergebnissen mit der Stabilisierung des Turmes und der neuen rechnergesteuerten Feuerleitanlage im Prototyp JT2 wurde von AEG vorgeschlagen, die an der Leistungsgrenze befindliche Turm-Hydraulikanlage durch einen vollelektrischen Turmantrieb zu ersetzen. Es war ein neuer Typ von geeigneten Elektromotoren entwickelt worden. Steyr entschloss sich, einen weiteren Prototypturm zu bauen, bei dem zu der elektrischen Turmsteuerung auch eine Panzerkanone M68 des mittleren Kampfpanzers M60 eingebaut wurde, die mit einer neuen mehrstufigen Mündungsbremse und modifizierter Rohrbrems- und Vorholeinrichtung mit nur 650 mm Rücklauflänge von Rheinmetall versehen wurde. Gleichzeitig wurde die Ladetrommel zur Aufnahme der größeren Granatpatronen umgebaut und voll automatisiert. Eine Reihe von Sensoren legte beim Laden automatisch die Position und den Typ der Granate fest. Die Trommeln waren mit Motoren versehen worden, und die Besatzung konnte auf Knopfdruck die gewünschte Granate auf die Ladeschale rollen lassen. Damit entfiel eine weitere körperliche Anstrengung beim Betrieb des Turmes.

Die Erprobung fand auf dem Schießplatz Unterlüß in Deutschland statt, wobei es nötig war, um den Staatsvertragsbestimmungen zu entsprechen, den Prototyp zuerst nach Belgien zu exportieren, von wo aus eine Einfuhr nach Deutschland problemlos möglich war. Die Erprobungen waren durchaus erfolgreich. Der Entwicklungsabteilung des Wiener Werkes war es mittlerweile auch gelungen, durch weitere Verbesserungen den Motor 7FA zum Motor 9FA mit 360 PS Leistung weiterzuentwickeln, wodurch trotz der gesteigerten Gefechtsmasse von ca. 20 Tonnen die Fahrgeschwindigkeit und Steigfähigkeit erhalten werden konnten.

Diese Entwicklungen mussten jedoch abgebrochen werden, weil die gesamte Steyr-Daimler-Puch AG durch den Ausfall eines großen Panzerexportgeschäftes nach Chile, für den bereits das gesamte Material gekauft und verbaut worden war, und mehrere schwere Fehlinvestitionen (unter anderem die Pleite der Lkw-Werke in Griechenland und Nigeria) in finanzielle Schwierigkeiten geraten war. Letztendlich wurden die Werke des Konzerns einzeln an verschiedene Firmen verkauft und der Konzern aufgelöst. Ein langfristiger Zusammenarbeitsvertrag mit AEG für den elektrischen Turmantrieb musste zwangsläufig aufgegeben werden. Die tadellos funktionierende elektrische Turmantriebsanlage wurde von AEG für den Leopard 2 und den israelischen Merkava vorgeschlagen, angenommen und in diese Panzer in Serie eingebaut.

Zukunftsplanungen – Vereinheitlichung des Fahrwerks

Wie in jedem Unternehmen dieser Art war auch in den Steyr-Werken eine Gruppe eingesetzt, die die zukünftig möglichen Entwicklungen vorausplanen sollte. Zielsetzung war unter anderem, auf Basis der bestehenden Aggregate eine Umstellung des bisher heckangetriebenen Jagdpanzer-Konzeptes auf Frontantrieb zu konstruieren und damit die bisherige Zweiteilung der Fahrzeugtypen aufzuheben. Eine derartige Vorgehensweise war bisher nur mit dem israelischen Merkava und dem schwedischen S-Panzer durchgeführt worden. General Tal, der Entwickler des Merkava, strebte neben einer Verbesserung der Munition vor allem auch eine der Überlebensfähigkeit der Panzerbesatzung an und erreichte dies durch die Anordnung von Motor und Getriebe im Vorderteil des Panzers, der üblicherweise den meisten konventionellen Angriffen ausgesetzt ist. Im Fall der Steyr-Panzer wäre dadurch wieder ein einheitliches Fahrgestell für die Jagdpanzer-Familie und die Schützenpanzer-Serie erreicht worden. Der Antriebsblock (Motor, automatisches Schaltgetriebe, Lenkgetriebe, Gelenkwellen, Bremsen, Vorgelege und Kettenrad) einschließlich Kühler wäre gleich gehalten worden, sowohl logistisch als auch wirtschaftlich ein Vorteil. Ein neu konzipierter Antriebsstrang erforderte eine Erhöhung der Breite des Gesamtfahrzeuges auf 2,65 m und hätte folgende Vorteile mit sich gebracht:

- Entfall des Umlenkgetriebes,
- Verbesserung des Lenkverhältnisses auf 1 : 1,46,
- einheitlicher Antriebsblock für SPz- und Panzer-Variante,
- mehr Raum für Besatzung und Ausrüstung,
- höhere Watfähigkeit durch Entfall der seitlichen Grillöffnungen,
- bessere Stabilität der Waffenplattform,
- identische Laufwerke für alle Typen.

Parallel dazu sollte der Panzerturm JT3 zum Panzerturm JT4 aufgewertet werden, wobei unter Weiterverwendung der 10,5-cm-Kanone alle Ladevorgänge automatisiert und auch ein Nachladen der Ladetrommel aus dem Fahrgestell ermöglicht werden sollte.
Es ist offensichtlich, dass diese 1984 vorgestellten Vorentwicklungen aus heutiger Sicht wesentlich weniger spektakulär erscheinen als damals, zumal in der Zwischenzeit mehrere ähnliche und weitergehende Lösungen realisiert worden sind.

4.5 Ausländische Panzerfahrzeuge im Bundesheer

4.5.1 MITTLERER KAMPFPANZER T-34/85

Frühe Gefechtsübung des Bundesheeres mit einem T34/85 und einen MG-Trupp.

Der T-34 wird alternativ mit dem deutschen Panther als der beste Panzer des Zweiten Weltkriegs bezeichnet. Jedenfalls war der T-34 mit 50.000 Exemplaren der meistgebaute Panzer dieses Weltkrieges und später mit 80.000 der meistgebaute Panzer überhaupt.
Sein unvorhergesehenes Auftreten 1941 war ein Schock für das deutsche Ostheer, welches zum ersten Mal mit einem überlegenen Panzer konfrontiert wurde. Weder die deutsche 3,7-cm-Pak noch die 5-cm-KwK des Panzers III konnten gegen die Frontpanzerung des T-34 etwas ausrichten. Der T-34 war eine optimale Kombination von Feuerkraft, Beweglichkeit und Panzerschutz. Die verhältnismäßig breiten Ketten erlaubten ein vorzügliches Vorwärtskommen in Schnee und Schlamm. 1941 kam die erste Verbesserung der Feuerkraft, als die 76-mm-PzK L/30 durch ein 40 Kaliber langes Modell ersetzt wurde. Der Turm wurde nun in Gussstahl ausgeführt und die mitgeführte Treibstoffmenge durch außen angebrachte abwerfbare Behälter erhöht. Die Reaktion der deutschen Wehrmacht auf den T-34 war die Entwicklung der Panzer Panther und Tiger, deren Produktion aber so langsam anlief, dass der Panzer IV weiterhin die Masse der Fahrzeuge in den Panzerdivisionen stellen musste. 1943 stand die längere 76-mm-Kanone des T-34 der überlegenen 7,5-cm-Waffe des Panthers und der 8,8-cm-PzK des Tigers gegenüber. Dies zwang die Sowjetunion zur Einführung eines 85-mm-Flakrohres SIS-S-53 L/53 als PzK und zur Entwicklung eines neuen Drei-Mann-Turmes. Die neue Kanone ver-

Mittlerer Kampfpanzer T-34/85	
Herstellerland	Sowjetunion
Gefechtsgewicht (kg)	30.000
L/B/H (mm)	7.530 (mit Rohr 8.100)/3.050/2.500
Spurweite (mm)	2.450
Kettenbreite (mm)	560
Laufwerk	5 Laufrollen mit Antriebsrad hinten und Leitrad vorne
Motor	W2-Dieselmotor V-2-34M, 12 Zylinder, 500 PS, 1.800 U/min, Wasserkühlung
Leistungsgewicht (PS/t)	16,7
Höchstgeschw. (km/h)	55
Reichweite (km)	300 (Straße), 160 (Gelände)
Steigfähigkeit (%)	60
Kletterfähigkeit (mm)	730
Überschreitfähigkeit (mm)	2.500
Watfähigkeit (mm)	900
Besatzung	5 Mann
Hauptbewaffnung	8,5-cm-PzK ZIS L/53 mit 56 Granaten, 7,62-MG DTM (koaxial) und 7,62-mm-Bug-MG mit 1955 Patronen
Panzerung (mm)	Turm vorne und seitlich: 45–55; Wanne vorne und seitlich: 45; Wannendach: 30
Baujahre	ab 1944

feuerte eine 9,3 kg schwere Panzergranate mit 792 m/sec, die in 1.000 m Entfernung noch 100 mm Panzerstahl durchschlagen konnte. Eine neue Granate mit Wolfram-Kern wog nur 4,9 kg, durchschlug aber mit 1.028 m/sec 130 mm Stahl. Dies war eine Kopie einer deutschen 37-mm-Munition, die sehr erfolgreich war, aber durch den Mangel an Wolfram aufgegeben werden musste.

Die Turmpanzerung wurde verstärkt und ein verbessertes Getriebe installiert. Die ersten T-34/85 liefen im Winter 1943/44 vom Band. 1944 erreichte die Produktion unglaubliche Stückzahlen, weil der T-34 recht einfach zu bauen war. Etwaige Mängel wurden zu Gunsten einer zügigen Massenproduktion ignoriert. Die qualitative Überlegenheit von Panther und Tiger wurde durch die hohe zahlenmäßige Überlegenheit des T-34/85 ausgeglichen.

1955 ließ die Rote Armee beim Abzug der Sowjetunion aus Österreich 27 Kampfpanzer T-34/85 und einen Bergepanzer zurück. Sie wurden im Bundesheer bis 1964 eingesetzt und mussten dann – hauptsächlich wegen Ersatzteilmangels – ausgeschieden werden. Die Sowjetunion produzierte den T-34/85 für den Export bis 1980 und dürfte noch lange nachher zahlreiche solcher Panzer eingemottet und auch weiter eine Munitionsfertigung im Laufen gehalten haben. Um die Einsatzfahrzeuge zu schonen, übten die Truppen im Warschauer Pakt regelmäßig mit solchen Lagerpanzern, und die DDR-Panzertruppe rückte noch 1968 bei der Invasion der Tschechoslowakei aus Manövern heraus mit den T-34/85 statt der T-54/55 der ersten Linie aus.

Der Panzer T-34 wurde durch einen auf Dieseltreibstoff umgebauten Zwölfzylinder-Flugzeugmotor W-2 mit 500 PS angetrieben. Die meisten Motorteile bestanden aus einer Aluminiumgusslegierung, wodurch der Motor nur 750 kg wog. Der Motor konnte bei tiefen Temperaturen mit einer Pressluft-Startanlage angeworfen werden. Die Antriebsräder lagen hinten. Die Lenkung erfolgte über zwei Lenkkupplungen und zwei Lenkbremsen. Die Besatzung bestand beim T-34/85 aus fünf Mann, wodurch der Panzerkommandant von der Aufgabe des Ladens befreit wurde.

Nach dem Ausscheiden der T-34 in Österreich aus der Truppe wurden die Türme und einige komplette Fahrzeuge in Festen Anlagen hauptsächlich an der Grenze zur Tschechoslowakei eingebaut. Als nach dem Zusammenbruch des Warschauer Paktes die Festen Anlagen desarmiert wurden, sprang bei einem T-34/85 beim Herausziehen aus der Wannenstellung der Motor noch an!

Der T-34 wurde in mindestens 42 Staaten exportiert oder dort in Lizenz gebaut. Abgelöst wurde er schließlich durch den T-54 und den T-55. In der DDR blieb er bis 1988 in der Reserve. Der Österreich überlassene Bergepanzer T-34 war nur zum Abschleppen brauchbar und verfügte über keinerlei zusätzliche Einrichtungen wie Kran oder Winde.

4.5.2 JAGDPANZER AMX-13/75 (AUSFÜHRUNG 2C UND 2D)

In den Jahren 1957/58 wurden aus Frankreich 72 Jagdpanzer AMX-13 beschafft. Sie sollten die völlig unzureichende Panzerabwehrfähigkeit des Bundesheeres verstärken, die damals nur aus der rückstoßfreien 10,6-cm-Panzerabwehrkanone und Panzerabwehrrohren der Infanterie bestand. Der AMX-13 startete 1946 als Entwicklungsauftrag des französischen Ministeriums an die Ateliers de Construction d'Issy-les-Moulineaux und wurde als AMX-13 Modell 51 als Spähpanzer in der französischen Armee eingeführt.

Der Vorläufer war ein moderner und kampfkräftiger Panzer von 50 Tonnen, der AMX-50. Dabei nahm man Anleihen vom Tiger und Panther.

Geplant war ein Fahrzeug so beweglich wie der Panther und so gut gepanzert wie der Tiger. Die sensationelle Lösung dieser Entwicklung war ein aus einem Drehteil und einem Kippteil bestehender Turm. Die Kanone war im Kippteil fest mit einem Ladesystem zusammengebaut, auch die Turmbesatzung war integriert. Diese Lösung vereinfachte das Ziel- und Richtsystem und ermöglichte ein recht einfaches automatisches Ladesystem mit zwei Ladetrommeln. Der Ladeschütze konnte damit entfallen. Im Zuge der Entwicklung wurde der AMX-50 sogar mit einer 120-mm-Kanone versehen. Das Projekt lief aber aus finanziellen Gründen aus dem Ruder und musste eingestellt werden.

Die französische Armee ging 1946 zur Entwicklung des AMX-13 über, in dem zahlreiche Konstruktionen des AMX-50 übernommen wurden, darunter das einzigartige geteilte Turm-Konzept. Geplant war ein nur 14,5 Tonnen schwerer, lufttransportfähiger und sehr gut bewaffneter Panzer mit – dank des Ladesystems – nur drei Mann Besatzung. Der AMX-13 wurde einer der besten Panzer der 50er Jahre. Eigentlich als Übergangslösung gedacht, wurde er ab 1952 in großen Stückzahlen bis in die 1980er Jahre gebaut und weltweit exportiert.

In der einzigartigen Turmkonstruktion war die 7,5-cm-Panzerkanone L/61,5 mit allen Optiken und einer einzigartigen Ladevorrichtung fest in einem Kippteil eingebaut. Die angebaute automatische Ansetzvorrichtung mit zwei Ladetrommeln erlaubte es, den Ladeschützen einzusparen und trotzdem eine Feuerfolge zu erzielen, die von keinem anderen Panzer erreicht wurde. Die 7,5-cm-Kanone L/61,5, die wie auch zahlreiche Bauteile im Turm (z. B. Winkelspiegel, Optiken, Kommandantenkuppel) vom deutschen Kampfpanzer Panther abgeleitet war, erreichte eine Mündungsgeschwindigkeit von 1.000 m/sec.

Der kostengünstige und mechanisch zuverlässige Panzer lief ab 1951 in Serie und wurde in zahlreiche Länder exportiert, u. a. in die Schweiz und nach Israel. Der Turm mit seiner gut funktionierenden Ladeautomatik wurde dort auch auf den veralteten mKPz Sherman (M-50) aufgesetzt. Beim Versuch Israels, 1956 den Suez-Kanal zu erobern, hatten AMX-13 und Shermans überraschende Erfolge gegen ägyptische Verbände. Im Sechstagekrieg 1967 von israelischer Seite gegen die ägyptischen T-54 und T-55 eingesetzt, erreichte die 7,5-cm-Kanone die Grenze ihrer Verwendbarkeit, und es bestand die dringende Notwendigkeit, sie durch eine leistungsfähigere Waffe zu ersetzen. Nur für den Export wurde von GIAT die 10,5-cm-Kanone D1504 entwickelt, die auch die für den mittleren Kampfpanzer AMX-30 neu geschaffene Hohlladungsgranate OCC verschießen konnte. Diese drallstabilisierte Hohlladungsgranate konnte alle bestehenden Panzer durchschlagen.

Die niederländische Armee kaufte die letzte Variante mit der Turmausführung D und der 10,5-cm-Kanone an und war auch bereit, über dessen Leistungsfähigkeit wertvolle Auskünfte an Österreich weiterzugeben. Die Tatsache, dass die französische Armee die 7,5-cm-Kanone nicht durch die 10,5-cm-PzK, sondern durch eine 9-cm-PzK ersetzte, führte zu Kontroversen in Österreich, weil die Meinung kolportiert wurde, dass die 10,5-cm-PzK die schlechtere Waffe sei. Der Grund lag aber darin, dass die französischen Behörden fürchteten, den geplanten mittleren Kampfpanzer AMX-30 nicht einführen zu können, wenn der kleine AMX-13 über eine gleich gute und gleich wirksame Waffe verfügte. (Die 90-mm-Kanone wurde durch Aufbohren der 75-mm-Rohre billig hergestellt.)

Die Zielgenauigkeit der D1504 war hervorragend.

Die AMX-13 mit der 7,5-cm-Kanone wurden in Österreich als Verstär-

Jagdpanzer AMX-13.

Jagdpanzer AMX-13	
Herstellerland	Frankreich
Hersteller	Fahrgestell: Ateliers d'Issy de Limousine (AMX); Turm: Files Lille, Givors
Gefechtsgewicht (kg)	14.500
L/B/H (mm)	4.880 (mit Rohr 6.360)/2.510/2.180
Laufwerk	5 Laufrollen, 2 (2C-Version) oder 4 Stützrollen (2D-Version) mit Antriebsrad vorne und Leitrad hinten
Motor	Sofa 8GX b, Ottomotor
Leistung (PS/min^{-1})	250/3.200
Höchstgeschw. (km/h)	60
Steigfähigkeit (%)	60
Kletterfähigkeit (mm)	650
Überschreitfähigkeit (mm)	1.600
Watfähigkeit (mm)	800
Besatzung	3 Mann
Hauptbewaffnung	7,5-cm-PzK M-50 L/61,5 von GIAT
Nebenbewaffnung	7,62-mm-MG 42
Baujahre	ab 1952
Einsatz in Österreich	1957–1972
Baujahre	ab 1944

kung der Panzerabwehr auf die Jägerbrigaden aufgeteilt und später in einem Jagdpanzerbataillon zusammengefasst, welches eine Schlüsselrolle bei der Einführung des Jagdpanzers Kürassier übernahm, weil besonders die D-Türme in der Bedienung weitgehend gleich waren. Vom Werkstattzug dieses Bataillons konnten für den neuen Jagdpanzer zahlreiche Anregungen in Bezug auf Betrieb, Wartung, Ersatzteilbevorratung und Bedienung übernommen werden.

Im österreichischen Klima war beispielsweise die fehlende Fahrzeugheizung ein größeres Problem. Im AMX-13 war es so kalt, dass für die Besatzungen Lammfellwesten ausgegeben werden mussten. Der Grund war einleuchtend: Der AMX-13 war für den Einsatz in der Wüste konzipiert, wobei die Motorluft durch den Turm angesaugt wurde, der dazu als großer Vorfilter diente. Ein Vorteil für den Motor, aber die Besatzung saß immer in einem Luftzug. Bei der Umrüstung des Jagdpanzers Kürassier für den Tropenbetrieb wurde dieses Ansaugsystem erfolgreich für die Wüstenausführung des Jagdpanzers von den Steyr-Daimler-Puch-Werken übernommen. Es hat sich ausgezeichnet bewährt.

Bei Manövern im Winter bestand der große Unterschied zum Jagdpanzer Kürassier darin, dass die AMX-Besatzungen ihre Panzer so schnell wie möglich verließen, um sich in umliegenden Gebäuden aufzuwärmen, während Jagdpanzerbesatzungen die Heizung einschalteten und kampfbereit auch eine Nacht lang in ihren Fahrzeugen bleiben konnten.

Nach Einführung des Jagdpanzers Kürassier gab das Österreichische Bundesheer alle AMX-13 als Anzahlung für die neuen FL12D-Türme an Frankreich zurück. Frankreich verkaufte die gut gepflegten AMX-13 nach Singapur, wo sie bis heute im Einsatz zu sein scheinen.

4.5.3 BERGEPANZER AMX-55

Das Österreichische Bundesheer kaufte drei AMX-55-Bergepanzer, die auf dem Fahrgestell des AMX-13 aufbauten. Er verfügte über einen nicht drehbaren A-förmigen Ausleger mit fünf Tonnen Tragkraft und über eine Winde von 14 Tonnen Zugkraft mit 50 m Seillänge eines 25-mm-Seiles. Zum Auslegen stand eine Hilfswinde mit einer Tonne Zugkraft und einem 6-mm-Seil von 120-m Länge zur Verfügung. Zur Verankerung beim Bergen dienten vier ausfahrbare Erdanker.

Der Kran lag normalerweise am Heck des Fahrzeuges auf. Am rechten Kranarm war senkrecht darauf ein Ausleger befestigt, der mit einem kurzen Seil an einer Trommel am vorderen Kettenrad angehängt wurde.

Der Bergepanzer AMX-55 baute auf dem Fahrgestell des Jagdpanzers AMX-13 auf.

Bergepanzer AMX-55	
Gefechtsgewicht (kg)	13.900
L/B/H (mm)	5.600/2.600/2.550
Spurweite (mm)	2.160
Ketten	Auflagelänge 4.000 mm, Kettenbreite 350 mm, Gliederzahl 85
Motor	Achtzylinder-Ottomotor mit Wasserkühlung
Leistung (PS/min^{-1})	250/3.200
Höchstgeschw. (km/h)	60
Kletterfähigkeit (mm)	650
Überschreitfähigkeit (mm)	1.400
Watfähigkeit (mm)	800
Besatzung	3 Mann
Bewaffnung	7,62-mm-MG 42
Panzerung (mm)	Wanne vorne/seitlich/hinten: 20/20/20, Aufbau vorne/seitlich/hinten: 30/20/20
Ausleger	Hubhöhe 3.800 mm, Hubkraft 5.000 kg
Hauptwinde	Zugkraft 14.000 kg, Seillänge 50 m
Hilfswinde	Seillänge 120 m
Einsatz in Österreich	1957–1972
Baujahre	ab 1944

Fuhr der Bergepanzer nach vorne, wickelte sich das Seil um die Trommel und der Ausleger brachte den Kran in eine senkrechte Stellung. Durch Zurückfahren des Bergepanzers wurde die Arbeitsstellung erreicht und dann mit dem Hilfsseil das Zugseil über die Kranrolle ausgefahren. Der Bergepanzer AMX-55 konnte in der Zeit seiner Verwendung seine Aufgabe gut erfüllen. Er wurde über Frankreich nach Singapur abgegeben.

4.5.4 MITTLERER KAMPFPANZER CHARIOTEER

Mittlerer Kampfpanzer Charioteer	
Herstellerland	Großbritannien
Hersteller	Birmingham Carriage and Wagon Comp.
Gefechtsgewicht (kg)	30.000
L/B/H (mm)	7.870 (mit Rohr 8.830)/3.050/2.530
Spurweite (mm)	2483
Motor	Rolls-Royce / Meteor Mk 1A
Leistung (PS/min^{-1})	650/2.550
Höchstgeschw. (km/h)	57
Besatzung	4 Mann
Bewaffnung	8,34-cm-PzK M.21 L/70
Panzerung (mm)	Wanne vorne/seitlich/hinten 60/30/25, Turm vorne/seitlich/hinten 30/20/20
Baujahr	1950 (Wanne 1943/44)

Mittlerer Kampfpanzer Charioteer.

Zur kostengünstigen Ausrüstung eines Panzerbataillons wurden im Jahr 1956 62 Stück gebrauchte Panzer Charioteer und 25 Fahrschulfahrzeuge aus Großbritannien angekauft. Es handelte sich dabei um das Fahrgestell des Kampfpanzers Cromwell, der mit einem neuen Turm und einer sehr leistungsfähigen 8,34-cm-Panzerkanone mit Unterkaliber-Munition ausgestattet war, dem Vorläufertyp der später weit und breit verwendeten 10,5-cm-PzK L7. In Großbritannien war der Charioteer als Jagdpanzer eingesetzt. Er war bis 1965 im Bestand des Österreichischen Bundesheeres und wurde dann durch den mKPz M47 ersetzt. Die Türme wurden in Bunkern in günstigen Positionen der Landesbefestigung eingebaut, wo sie wegen der passenden Abstände auch gegen neuere Panzer wirksam werden konnten.

An der Straßensperre Nauders, auch Sperre Hochfinstermünz genannt, wird ein Charioteer-Turm als Geschütz für ein Festungsbauwerk zweieinhalb Kilometer nordwestlich der Ortschaft Nauders in Nordtirol verwendet. (Foto: Wikipedia - © Hubertl / Wikimedia Commons / CC BY-SA 4.0)

4.5.5 AUFKLÄRUNGSPANZER M24 CHAFFEE

Aufklärungspanzer M24 Chaffee.

Aufklärungspanzer M24 Chaffee	
Kurzbezeichnung	AufklPz M24
Gefechtsgewicht (kg)	18.400
L/B/H (mm)	5.030 (mit Rohr 5.486)/2.950/2.770
Spurweite (mm)	2.438
Ketten	Auflagelänge 3.120 mm, Breite 406 mm, Gliederzahl 75
Motor	Achtzylinder-Ottomotor mit Wasserkühlung
Leistung (PS/min^{-1})	2 x 110 / 3.400
Höchstgeschw. (km/h)	55
Steigfähigkeit (%)	60
Kletterfähigkeit (mm)	910
Überschreitfähigkeit (mm)	2.440
Watfähigkeit (mm)	1.000
Besatzung	5 Mann
Bewaffnung	7,5-cm-PzK M6 L/40, 7,62-mm-MG A4 koaxial, 7,62-mm-MG A4 (Bug), 12,7-mm-üsMG M2
Panzerung (mm)	Wanne vorn/seitlich/hinten 25/25/20, Turm vorne/ seitlich/hinten 25/25/25, Walzenblende 40

Im Jahr 1956 wurden von den amerikanischen Streitkräften 69 Stück des leichten Aufklärungspanzers M24 übernommen. Der M24 wurde im Jahre 1944 entwickelt, um den leichten Panzer M5 zu ersetzen. Der Cadillac-Doppelmotor und das Getriebe des M5 wurden weiter verwendet, jedoch eine Drehstabfederung von Buick eingebaut. Als Nordkorea im Juni 1950 mit T-34/85- und T-34/76-Panzern Südkorea angriff, gab es nur vier Kompanien M24-Panzer im Rahmen der US-Besatzungstruppen in Japan, die nach Korea geschickt werden konnten. Es war voraussehbar, dass diese gegen die T-34 den Kürzeren ziehen mussten. Die kurze 7,5-cm-Kanone M61 L/40 war nicht mehr zeitgemäß, trotzdem hielten die M24 die Front, bis T-26 Panzer in Korea eintrafen. Eine Hilfe war das koreanische Gelände, dessen steile Hänge nicht panzergängig sind.
Die Fahreigenschaften des M24 waren gut. Die Panzer blieben in Österreich bis 1966 im Dienst. Die Türme wurden anschließend in verschiedene günstig gelegene Feste Anlagen eingebaut. Der M24 wurde ab 1960 durch den besser bewaffneten Aufklärungspanzer M41 ersetzt.

4.5.6 AUFKLÄRUNGSPANZER M41 WALKER BULLDOG

Aufklärungspanzer M41.

Der Aufklärungspanzer M41 verfügte über eine leistungsfähige 7,6-cm-PzK M32 mit 60 Kaliberlängen. Er wurde in den USA als Nachfolgemodell des M24 geplant und stand von 1952 bis 1965 als Aufklärungspanzer im Dienst. Die Prototypen wurden 1947 gebaut, ab 1951 ging der M41 bei Cadillac in Cleveland, Ohio, in Produktion. Bis 1954 entstanden 5.500 Einheiten. Auf demselben Fahrgestell wurden der 4-cm-Zwillings-Flak-Panzer M42, die Artilleriepanzer M44 und M52 und der Schützenpanzer M75 gebaut.
Nach Ende des Zweiten Weltkriegs war der Bedarf an Panzern gering. Die Gelder für den M41 wurden mehrmals gekürzt, die Entwicklung schritt langsam voran. Bei Ausbruch des Korea-Krieges wurde sie überhastet hochgefahren, sodass beim M41 Fehler entstanden, die mehrfa-

che Modifikationen erforderten. Grundsätzlich erschien der M41 im Vergleich zum M24 für einen Aufklärungspanzer zu hoch und zu schwer. Trotz seiner Masse, die ihn als mittelschweren Panzer erscheinen ließ, zweifelte man an seiner Fähigkeit, mittlere russische Panzer erfolgreich zu bekämpfen. Außerdem war der Innenraum für die Normalgröße europäischer und amerikanischer Soldaten zu klein. Die amerikanische Armee verkaufte daher ihre M41 an Südvietnam und an zahlreiche andere Staaten mit einer durchschnittlich kleineren Bevölkerung.
Der Panzer wurde von Österreich angekauft und stand 2023 noch in Taiwan, Thailand und Uruguay im Dienst. Der M41 war eine gute Kombination aus Bewaffnung, Feuerkraft und Panzerschutz, allerdings mit sehr hohem Treibstoffverbrauch. Die Kanone, eine 7,62-cm-PzK M32 L/60, war mit einem Rauchabsauger in der Nähe der Mündung und einem Druckverteiler statt einer Mündungsbremse ausgestattet.
Ursprünglich (1956) wird für Österreich eine Stückzahl von 42 angegeben, aber 1960 wird nur mehr von 19 Panzern berichtet. Er wurde als Aufklärungs- und Jagdpanzer eingesetzt. Bei einer Übung des PzB 7 Salzburg bei schweren winterlichen Verhältnissen am Truppenübungsplatz Allentsteig konnte sich der M41 noch recht gut im Gelände bewegen, während die mKPz M47 im hohen Schnee auf der Stelle mahlten und kaum aus ihrer Ausgangsstellung kamen, bevor der Treibstoff ausging. Mit dem Zulauf des Jagdpanzers K wurden alle M41 im Jahr 1979 ausgemustert.

Aufklärungspanzer M41	
Kurzbezeichnung	AufklPz M41
Herstellerland	USA
Hersteller	Cadillac Corp.
Gefechtsgewicht (kg)	23.600
L/B/H (mm)	7.020 (mit Rohr 8.050)/3.250/2.7500
Spurweite (mm)	2.220
Motor	Sechszylinder-Ottomotor mit Luftkühlung
Leistung (PS/min⁻¹)	500/2.800
Höchstgeschw. (km/h)	65
Reichweite (km)	480 (Straße)
Steigfähigkeit (%)	60
Kletterfähigkeit (mm)	710
Überschreitfähigkeit (mm)	1.850
Watfähigkeit (mm)	1020
Besatzung	4 Mann
Bewaffnung	7,62-cm-PzK M32 L/60, 7,62-mm-MG A4 im Turm, 12,7-mm-üsMG
Panzerung (mm)	Turm vorne/seitlich/hinten 30/30/30, Blende 45, Wanne vorne/seitlich/hinten 30/30/20
Baujahre	1959–1973

4.5.7 MITTLERER KAMPFPANZER M47 PATTON

Der M47 stammt aus der Zeit des Korea Krieges, als die US-Armee mit dem russischen T-34/85 konfrontiert war. Die USA hatten gegen den T-34/85 der Koreaner nur den völlig unterlegenen M24 verfügbar. Aus dem 1945 mit einem neuen Motor und Getriebe versehenen veralteten mittleren Panzer M26 wurde zuerst der M46, dessen Wanne mit einem als schnelle Lösung entwickelten Turm T42 zum M47 wurde. Er ersetzte in der US Army den M26 Pershing und den »Patton« genannten M46. Der ellipsenförmige Guss-Turm trug eine 90-mm-Kanone und war für die USA eine befriedigende Zwischenlösung, die in Massen gebaut wurde. Der M47 ersetzte den in Korea rasch schwindenden Vorrat an M46-Panzern und wurde über verschiedene Militärhilfsprogramme weltweit verteilt. Zur Kanone M36 war der optische Entfernungsmesser M12 hinzugefügt worden, der die Erstschuss-Treffwahrscheinlichkeit erhöhen sollte, aber nicht leicht zu bedienen war.
Im Jahr 1957 erhielt das österreichische Bundesheer 157 Stück des zur Zeit der Übernahme bereits als veraltet einzustufenden Panzers. Die Pro-

Mittlerer Kampfpanzer M47 Patton	
Kurzbezeichnung	mKPz M47
Gefechtsgewicht (kg)	46.000
L/B/H (mm)	7.210 (mit Rohr 8.460)/3.510/2.960
Spurweite (mm)	2.800
Ketten	Auflagelänge 3.920 mm, Breite 585 mm, Gliederzahl 86
Motor	Zwölfzylinder-Ottomotor mit Wasserkühlung
Leistung (PS/min⁻¹)	810/2.800
Höchstgeschw. (km/h)	48
Steigfähigkeit (%)	60
Kletterfähigkeit (mm)	920
Überschreitfähigkeit (mm)	2.600
Watfähigkeit (mm)	1.220
Besatzung	5 Mann
Bewaffnung	9-cm-PzK M36 L/38, 7,62-mm-MG A4 koaxial, 7,62-mm-MG A4 (Bug), 12,7-mm-üsMG M2
Panzerung (mm)	Wanne vorn/seitlich/hinten 115/75/50, Turm vorne/seitlich/hinten 100/64/30, Walzenblende 115
Baujahre	vermutlich 1953–1955

Mittlerer Kampfpanzer M47 Patton. Sein Zwölfzylinder-Viertakt-Benzinmotor Continental AV-1790-5B mit Magnetzündung leistete 810 PS, die Höchstgeschwindigkeit betrug 48 km/h.

duktion war bereits 1954 eingestellt worden. Ab 1953 wurde der wesentlich verbesserte M48 gebaut. Wie immer, wenn die US Army ein Fahrzeug aufgab, wurde die Ersatzteilproduktion zurückgefahren und die Ersatzteilbeschaffung für andere Benutzer schwierig. 1960 waren in Österreich aus diesem Grund nur mehr 118 Stück M47 einsatzbereit. Der M47 verfügte über einen Turm mit relativ hoher Kampfkraft, hatte aber einen sehr geringen Fahrbereich von nur 50 bis 100 km und verbrauchte dabei bis zu 1.400 Liter Superbenzin. Das österreichische Bundesheer versuchte zusammen mit der Firma Simmering-Graz-Pauker einen Dieselmotor in zwei M47-Panzer einzubauen, um die enormen Betriebskosten abzusenken. Der Umbau gelang zufriedenstellend. Man konnte sich aber angesichts des nachfolgenden M48 mit der neuen in England entwickelten 105-cm-Kanone L7 und sich abzeichnender Verbesserung der Feuerleitsysteme nicht zu einer Einführung entschließen. Einer der umgebauten österreichischen M47 befindet sich heute in der Panzersammlung der Schweizer Armee in Thun.
Bereits ab 1972 baute man die Türme ausgeschiedener M47 in die Landesbefestigung ein. Die letzten M47 wurden erst 1982 ausgemustert und durch die M60A3 oder den Jagdpanzer Kürassier ersetzt.

4.5.8 KAMPFPANZER M60 BIS M60A3

Der M60 ist eine Weiterentwicklung des M48 aus der Mitte der 1950er Jahre. Zur Zeit des kalten Krieges besaß die US-Armee leichte, mittlere und schwere Panzerbataillone, deren Fahrzeuge auch durch ihre Bewaffnung mit 76-, 90- oder 120-mm-Kanonen gekennzeichnet waren. Die dazugehörigen Panzertypen waren zu einem großen Teil veraltet. Der voraussichtliche Gegner war der russische T-54, der mit seiner 100-mm-PzK die Masse vorhandener amerikanischer Panzer auf Kampfentfernung abschießen konnte, selbst aber mit seiner 200-mm-Frontpanzerung von den 76-mm-Kanonen gar nicht und von den 90-mm-Kanonen sehr schwer zu durchschlagen war.
Die amerikanische Armee traf die Entscheidung, auf ein einheitliches Panzermodell eines kampfkräftigen mittelschweren Panzers überzugehen, wobei mehrere vorhandene Komponenten diese Entscheidung begünstigten. Man konnte für dieses Fahrzeug

- mit dem M48 auf einem vorhandenen Panzer aufbauen,
- auf einen neu entwickelten leistungsstarken und verbrauchsgünstigen Dieselmotor zurückgreifen,
- die von England entwickelte 10,5-cm-L7-Panzerkanone in Lizenz übernehmen, ein Geschütz, welches zusammen mit seiner Munition allen bestehenden amerikanischen Kanonen überlegen war,
- dem Entwicklungsstand bei den Panzerabwehrlenkflugkörpern entsprechend auch eine derartige Bewaffnung als möglich ansehen,
- durch die Entscheidung, den M48 zu modernisieren, beträchtliche Ent-

Mittlerer Kampfpanzer M60A3Ö	
Herstellerland	USA
Hersteller	Chrysler Corporation
Umbau auf A3Ö	Steyr-Daimler-Puch und Noricum, Liezen
Gefechtsgewicht (kg)	51.500
L/B/H (mm)	6.950 (mit Rohr 9.440)/3.630/3.290
Spurweite (mm)	2920
Motor	Continental AVDS-1790-2CA
Leistung (PS/min^{-1})	750/2.400
Höchstgeschw. (km/h)	48
Reichweite (km)	480 (Straße)
Steigfähigkeit (%)	60
Kletterfähigkeit (mm)	910
Überschreitfähigkeit (mm)	2.600
Watfähigkeit (mm)	1.200
Besatzung	4 Mann
Bewaffnung	10,5-cm-PzK M68 L/51
Panzerung (mm)	Gussstahl, Turm 114, Wanne 114
Baujahre	1959–1973

wicklungszeit einsparen und durch die Weiterverwendung brauchbarer Komponenten eine einfachere Standardisierung innerhalb der NATO erwarten.

Erstmals fand eine Granate Einführung, deren Wirkung nicht auf hoher Geschwindigkeit beruhte. Der plastische Sprengstoff in einer dünnen Hülle presst sich an die Panzerung oder die Betonwand und sprengt an der Innenseite eine große Scheibe ab. Damit konnte sowohl gegen Bunker als auch gegen schwere Kampfpanzer mit dicker Gussstahlpanzerung Wirkung erzielt werden.

Der M48-Turm wurde umgebaut, um die neue Hauptwaffe aufzunehmen, den Höhenrichtbereich zu erhöhen und den ballistischen Schutz so zu verbessern, dass der neue Panzer in der Lage war, einen Treffer einer 100-mm-PzK bis zu 1.500 m Entfernung zu verkraften. Die Kanone trug in der Mitte einen Rauchabsauger. Der Motor AVDS-1790 wurde bei den drei gebauten Prototypen dreimal verbessert. Die Erprobung zeigte, dass er bei Leerlaufdrehzahl genügend Leistung lieferte, sodass auf die bisher eingebauten Zusatzaggregate zur Stromerzeugung verzichtet werden konnte.

Die Besatzung des M60 bestand aus vier Mann. Im Turm rechts der Kommandant unter seiner drehbaren Kuppel, vor ihm der Richtschütze und daneben der Ladeschütze. Der Fahrer saß mittig in der Wannenfront. Für den Panzerkommandanten war eine eigene drehbare MG-Kuppel mit einem 12,7-mm-FlaMG M85 aufgesetzt. Ein optischer Schnittbild-Entfernungsmesser wirkte mit einem mechanischen ballistischen Rechner zusammen.

Die Panzerung bestand beim Turm aus Panzerstahlguss, frontal bis 254 mm dick, die Wanne aus Walzplatten mit frontal 109 bis 185 mm Stärke, seitlich 120 bis 140 mm. Die Dicke der Kanonenblende betrug 127 mm.

Die USA rechneten mit einem bewaffneten Zusammenstoß mit der Sowjetunion in Mitteleuropa. Der neue Universalpanzer sollte in dieser europäischen Umgebung mit allen Gelände- und Witterungsbedingungen fertig werden. Zur Gefechtsmassenreduzierung waren verschiedene Baugruppen wie die Drehbühne und die Munitionshalterungen aus Aluminium gefertigt.

Die Serienproduktion lief 1960 an, bis 1962 waren 2205 Panzer M60 gebaut worden. Die Produktion wurde mit der ersten kampfwertgesteigerten Version M60A1 und dann dem M60A3 fortgesetzt und endete 1987 nach Fertigstellung von insgesamt 15.000 Panzern aller Versionen.

Mittlerer Kampfpanzer M60A1

Der M60A1 stellt die erste Kampfwertsteigerung des M60 dar. Es wurde eine einfache Stabilisierungsanlage eingebaut, die es ermöglichte, mit gewisser Einschränkung einen Feuerkampf in der Bewegung durchzuführen beziehungsweise einen Schießhalt wesentlich zu verkürzen. Ein elektromechanischer Rechner ersetzte den mechanischen Rechner. Die Kampfbeladung wurde auf 63 Patronen erhöht, wobei eine Bereitschaftsmunition von 16 Patronen in der linken hinteren Turmseite und in der Nähe des Ladeschützen untergebracht wurde. Die Panzerung der Turmfront, der Turmseite und der Kanonenblende wurde erhöht. Eine leistungsgesteigerte Variante des Dieselmotors wurde eingebaut. Um Gewicht einzusparen, wurden auch die Laufrollen und Stützrollen aus Aluminium hergestellt und zur Verbesserung des Fahrverhaltens ein zusätzlicher Stoßdämpfer an der zweiten Laufrolle eingeführt.

In Österreich wurden nach ausgedehnten Nachtkampferprobungen auf dem Truppenübungsplatz Allentsteig die amerikanischen Xenonscheinwerfer nicht übernommen, sondern die wesentlich besseren AEG-Weißlicht/IR-Scheinwerfer aufgebaut, die auch schon für den Jagdpanzer Kürassier ausgewählt worden waren. Die amerikanischen IR-Periskope für Fahrer und Kommandant wurden beibehalten.

Von Österreich wurden 1964 von diesem Kampfpanzer 120 Stück angekauft. Der Kaufpreis betrug ca. 300.000 $. Der M60A1 gehörte damals zu den modernsten verfügbaren Panzertypen. Die beschaffte Menge reichte für Ausrüstung von zwei Panzerbataillonen und der Panzertruppenschule und ersetzte den Großteil der M47.

Mittlerer Kampfpanzer M60A1. Bei diesem Panzer handelt es sich um eines der beiden Versuchsfahrzeuge, die von der amerikanischen Armee in Österreich mit einer US-Nachtkampfausrüstung ausgestattet wurden. Auffallend ist der große Xenon-Scheinwerfer ohne Abdeckklappen. In wochenlangen Nachtkampfversuchen auf dem Truppenübungsplatz Allentsteig stellte sich der AEG-Scheinwerfer als überlegen heraus.

Mittlerer Kampfpanzer M60A3

Vom österreichischen Bundesheer wurden 1981 weitere 50 mittlere Kampfpanzer des Typs M60A3 aus den USA angekauft.

Der M60A3 war ein kampfwertgesteigertes Modell des M60A1. Er enthielt folgende Änderungen:

- eine volle Waffenstabilisierung
- einen elektronischen ballistischen Rechner
- einen Laser-Entfernungsmessers statt des optischen E-Messers
- eine Ausrüstung mit passiven Nachtsichtgeräten
- eine Rohrschutzhülle am Kanonenrohr
- ein neues Federungssystem mit »Drehstab im Rohr«-Federn
- eine verbesserte Kette T-142 mit zwei auswechselbaren Gummipolstern pro Kettenglied.

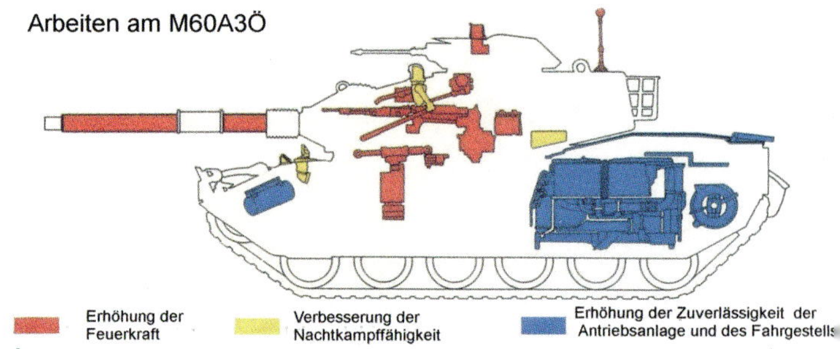

Im M60A3Ö veränderte bzw. neu eingebaute Baugruppen.

Mittlerer Kampfpanzer M60A3Ö

1987 fiel die Entscheidung, die nunmehr 20 Jahre alten Panzer M60A1 auf die Version A3 nachzurüsten. Der Auftrag, die Türme umzubauen, erging an die Firma Steyr-Daimler-Puch AG, die Wannen wurden durch die Fa. Noricum in Liezen umgerüstet, einer Tochterfirma der VOEST.

Der Umbau vom M60A1 auf die Version M60A3Ö erfolgte durch Steyr-Daimler-Puch.

Im Turm wurden verbesserte Ziel- und Richteinrichtungen zusammen mit einem Windgeschwindigkeitsmesser eingebaut. Das Rohr erhielt eine Thermoschutzhülle, und das amerikanische MG A4 im Kommandantenturm wurde durch ein 7,62-mm-MG 74 ersetzt. An den Turm wurde eine Nebelwurfanlage angebaut. Der AEG-Schießscheinwerfer blieb erhalten, ebenso die Nebelwurfanlage 69.

Die Panzer erhielten einheitlich den Motor AVDS-1790-2CA, verbesserte Luft- und Abgasfilter, eine 50-A-Drehstrom-Lichtmaschine und Diehl-Ketten. Die Schwingarme der Laufräder wurden verstärkt und ein besserer Kettenspanner eingebaut. Ein Restlichtverstärker-Fahrperiskop für den Fahrer ermöglichte die Nachtfahrt ohne Scheinwerferunterstützung. Auf der Bugplatte wurde eine Halterung für die Schneegreifer der Kette montiert.

Nach der Umrüstung der M60A1 verfügte das Bundesheer über drei einheitlich mit M60A3Ö ausgerüstete Panzerbataillone. Alle Panzer waren mit einem einheitlichen Dreifarben-Tarnanstrich versehen, der sich aus Teerschwarz (RAL 9021), Lederbraun (RAL 8027) und Bronzegrün (RAL 6031) zusammensetzte. Die Panzer wurden 1990 beim Ankauf der Leopard 2A4 außer Dienst gestellt, zuerst eingemottet, 2002 ausgemustert und letztlich an Ägypten verkauft.

4.5.9 MITTLERER KAMPFPANZER LEOPARD 2A4

Die Streitkräfte der Niederlande boten 1996 114 stillgelegte Kampfpanzer Leopard 2A4 zu günstigen Konditionen an. Österreich kaufte für das neu geplante, sogenannte »Mechpaket« von den Niederlanden in den Jahren 1982 bis 1986 diese Panzer an, die in Folge die Ausrüstung von

Der Kampfpanzer Leopard 2A4 ist mit seiner 120-mm-Glattrohrkanone das Hauptwaffensystem der österreichischen Panzertruppe. Der Motor ist stark genug, um trotz der starken Panzerung eine enorme Beweglichkeit des Fahrzeuges gewährleisten zu können.

nur mehr zwei Panzerbataillonen bildeten. Zur Zeit der Heeresreduzierung (ca. 2012-2017) wurde ein Teil der Leopard-2-Panzer (56) dann wieder an die Firma Krauss-Maffei-Wegmann verkauft.
Die erworbenen Panzer waren auf dem Stand des fünften Bauloses des Leopard 2. Sie wurden in der Heereszeuganstalt (HZA) Wels nach der Einmottung durch die Niederlande wieder feldverwendbar gemacht. Der letzte Leopard kam im Oktober 2000 zur Truppe. Zusätzlich wurden Fahrschultürme der Firma Wegmann beschafft, die auf ein Leopard-Fahrgestell aufgesetzt werden konnten, nachdem der Turm abgenommen wurde. Durch neuerlichen Turmtausch wurde das Fahrzeug dann wieder zum Kampfpanzer.
Österreich war mit dem Kauf der Panzer Mitglied des »Leopard-Clubs« geworden, machte in der Folge aber nur einen Teil der gemeinsam beschlossenen Nachrüstungsschritte mit. In der Folge drohten die österreichischen Panzer aus der Versorgung zu fallen, sodass im Jahr 2023 angesichts der Bedrohung durch Russland ein Vertrag mit Krauss-Maffei abgeschlossen wurde, in dem eine Nachrüstung der verbleibenden 58 Fahrzeuge auf die höchstmögliche mit diesem Typ zu erreichende Stufe in der Nähe von A7 vereinbart wurde. Die Panzer gehen einzeln nach Deutschland, die Fahrgestelle werden in München überholt, die Türme in Kassel. Im Prinzip bedeutet dies die Aufrüstung der Feuerleitsysteme und aller Baugruppen, welche durch A7-Systeme ersetzbar sind, auf dieses Niveau, während der Panzerschutz und die Feuerkraft mehr oder minder gleich bleiben. Der Umbau ist zur Zeit der Drucklegung im Laufen.

Kampfpanzer Leopard 2A4	
Kurzbezeichnung	mKPz LEO2A4
Herstellungsland	Deutschland
Hersteller	Krauss-Maffei
Gefechtsgewicht (kg)	55.150
L/B/H (mm)	8.490 (9.670 mit Kanone)/3.700/2.700
Laufwerk	7 Laufrollen, 4 Stützrollen, Antriebsrad hinten, Leitrad vorne
Motor	MTU/MB873
Leistung (PS/min^{-1})	1.500/2.400
Höchstgeschw. (km/h)	68
Steigfähigkeit (%)	60
Kletterfähigkeit (mm)	1.100
Überschreitfähigkeit (mm)	3.000
Watfähigkeit (mm)	1.200
Tiefwatfähigkeit (mm)	2.250
Besatzung	4 Mann
Hauptbewaffnung	120-mm-Glattrohrkanone Rheinmetall L/44
Nebenbewaffnung	7,62-mm-FN-MAG, 76-mm-Nebelwurfanlage
Panzerung	Schottpanzerung
Baujahre	1984–1986

4.6. Ausländische Radpanzer, Schützenpanzer, Bergepanzer, Artilleriepanzer, Aufklärungspanzer und gepanzerte Sonderfahrzeuge

4.6.1 PANZERSPÄHWAGEN M8

Panzerspähwagen M8 mit 110 PS starkem Herkules-6-Zylinder-Motor.

Panzerspähwagen M8	
Kurzbezeichnung	PzSpW M8
Herstellerland	USA
Hersteller	Ford Motor Company
Gefechtsgewicht (kg)	7.500
L/B/H (mm)	5.000 (mit Rohr)/2.540/1.980
Spurweite (mm)	1.870
Motor	Ford, Hercules JXD
Leistung (PS/min^{-1})	110/3.200
Höchstgeschw. (km/h)	90
Steigfähigkeit (%)	60
Watfähigkeit (mm)	810
Besatzung	4 Mann
Hauptbewaffnung	3,7-cm-Kanone M61
Nebenbewaffnung	12,7-mm-Fla-MG M2, 7,62-mm-MG M1919A4
Baujahre	1943–1945

Die von den USA überlassenen Panzerspähwagen waren in einem technisch katastrophalen Zustand: Ersatzteile fehlten, es gab keine Ersatzreifen. Von den insgesamt 90 übergebenen Spähwagen mussten etwa 35 sofort zur Ausschlachtung freigegeben werden, um den Rest einigermaßen einsatzbereit zu halten. In der Periode des Vorläufers des österreichischen Bundesheeres, der sogenannten B-Gendarmerie (1951 bis 1956), waren die 3,7-cm-Kanonen ausgebaut worden und blieben bis zum Staatsvertrag 1955 in der Verwahrung der westlichen Besatzungsmächte. Die ebenfalls übergebenen Kommandantenfahrzeuge ohne Turm des Typs M20 fielen ungeachtet des dringenden Bedarfes ebenfalls der notwendigen Ersatzteilgewinnung zum Opfer.

4.6.2 SCHÜTZENPANZER M4 BZW. M21

Im Jahr 1956 erhielt das österreichische Bundesheer von den USA 37 Halbkettenfahrzeuge, und zwar Granatwerferwagen des Typs M4/M21. Sie wurden zum größten Teil auf Gruppenfahrzeuge für zehn Panzergrenadiere umgebaut, indem die Granatwerferhalterungen entfernt und ein 12,7-mm-üsMG in einer einfachen Pivotlafette hinter der Fahrerkabine eingebaut wurde. Einige blieben als Granatwerferwagen erhalten, aller-

Schützenpanzer M4 bzw. M21.

dings wurde der 81-mm-mGrW M1 umgedreht und nach hinten gerichtet eingebaut.
Der Antrieb erfolgte mit einem White-Motor, Modell 160 AX, über Kardanwellen und Ausgleichsgetriebe auf die vorne liegenden Kettenräder und die Vorderräder. Verwendet wurde eine endlose Gummikette. Die M4 verfügten teilweise über vor der Stoßstange eingebaute gefederte Walzen, die das Grabenüberschreiten erleichtern sollten, und teilweise über eine von der Kardanwelle angetriebene sehr nützliche Seilwinde zur Selbstbergung. Durch Ausschlachten der jeweils schlechtesten Fahrzeuge konnten diese Schützenpanzer mühsam bis 1966 in Betrieb gehalten werden und wurden dann durch neue Saurer-Vollketten-SPz ersetzt. Es wird vermutet, dass die Halbkettenfahrzeuge M4/M21 nach ihrer Ausscheidung an Israel verkauft wurden.

4.6.3 PANZERHAUBITZE M7B2 MIT 10,5 CM LFH M2 L/22

Unter dem von den USA überlassenen Material befanden sich 41 Panzerhaubitzen M7B2. Im Zweiten Weltkrieg verwendeten nicht nur Deutschland, sondern auch die USA für Artilleriepanzer die Fahrgestelle veralteter Kampfpanzer. Für die M7B2 war das der mittlere Kampfpanzer M3, der sowohl als General Lee und mit geändertem Turm als General Grant bezeichnet und als schnelle Übergangslösung bis zur Serienfertigung des M4 Sherman gebaut wurde. Es wurden 6.258 Stück von verschiedenen Firmen hergestellt. Die in Österreich bei den Panzerhaubitzen-Batterien der Panzergrenadierbrigaden eingesetzten Fahrgestelle stammten von der Pressed Steel Car Corporation und hatten einen Ford-Motor GAA eingebaut. Die Reichweite war wegen des großen Treibstoffverbrauchs dieses Motors gering und lag bei etwa 100 km. Im vorderen Bereich des Panzerkastens war die Oberlafette der 10,5-cm-lFH M2A1 eingebaut. Die Panzerhaubitzen M7B2 wurden 1970 ausgemustert und durch die PzH M109 ersetzt.

Panzerhaubitze M7B2.

4.6.4 BERGEPANZER M32B1 / M32B3

Die von der US-Army 1957 übergebenen vier Bergepanzer waren zu dieser Zeit bereits völlig veraltet. Als Fahrgestell diente jenes des alten Kampfpanzers M4 Sherman, und zwar bei den zwei M32B1 jenes des M4A1, bei den M32B3 jenes des M4A3. Letztere Ausführung hatte einen geschweißten statt eines gegossenen Panzerkastens, ein verstärktes Fahrwerk und einen stärkeren Motor. Es gab keine Abstützung und kein

Bergepanzer M32B1.

	Bergepanzer M32
Kurzbezeichnung	Bge Pz M32B1 bzw. B3
Herstellerland	USA
Gefechtsgewicht (kg)	28.000
L/B/H (mm)	5.930/2.680/2.740
Spurweite (mm)	2.110
Motor	Otto, Achtzylinder-Viertakt-Reihenmotor
Leistung (PS/min $^{-1}$)	380/2.400 (M32B3: 500/2.600)
Höchstgeschw. (km/h)	42
Steigfähigkeit (%)	60
Watfähigkeit (mm)	2.280
Besatzung	6 Mann
Bewaffnung	8,1-cm-mGrW
Nebenbewaffnung	12,7-mm-Fla-MG M2, 7,62-mm-MG A4
Ausleger	Seillänge 5.480 mm, Hubkraft 13.600 kg
Seilwinde	Seillänge 60.000 mm, Zugkraft 27.200 kg
Wannenpanzerung	wie Kampfpanzer M4 Sherman
Baujahre	1943–1945

Stützschild. Die Hauptwinde leistete 30.000 kg Zugkraft. Der Ausleger war nicht schwenkbar. Ein eingebauter 81-mm-Granatwerfer erlaubte theoretisch den Einsatz als Granatwerferpanzer.
Die vier Bergepanzer mussten trotz erheblicher Probleme mit der Ersatzteilversorgung mangels anderer Bergemittel bis 1963 in Betrieb gehalten werden, bis sie schließlich durch den Bergepanzer M88 abgelöst wurden.

4.6.5 PANZERHAUBITZE M109 BASIC

Panzerhaubitze M109 Basic.

Die Panzerhaubitze M109 war in den USA als Ersatz der Panzerhaubitze M44 vorgesehen. Die Ausschreibung für diesen Artilleriepanzer gewann die Firma Bowen McLaughlin York (BMY) in Pennsylvania. Die Panzerung der M109 bestand aus Aluminium, und es war die erste Panzerhaubitze mit einem um 360° drehbaren Turm. Da Aluminiumlegierungen als Panzerung zwar nur 1/3 der Masse, dafür aber auch nur etwa 1/3 der Festigkeit von Stahl haben, liegt der Vorteil nicht in einer geringeren Masse der Panzerung. Sie ist nahezu gleich mit Stahl. Die einzige wirkliche Ersparnis liegt darin, dass die dicken Aluminiumplatten zusammengeschweißt sehr steife Wannenkörper ergeben, die keinerlei zusätzliche Verstärkungselemente benötigen. Aluminium lässt sich außerdem industriell problemloser schweißen als Panzerstahl.
Das hauptsächliche Argument der Amerikaner bestand im besseren Schutz gegen Artilleriesplitter, die die Hauptbedrohung einer PzH darstellen. Die Splitter bleiben im dicken Aluminiumpanzer stecken, eine dünnere Stahlpanzerung würden sie durchschlagen und dabei gefährliche Sekundärsplitter aus der Stahlpanzerung herausreißen.
Die 155-mm-Haubitze HB M-126E1 mit nur L/23 Rohrlänge hat eine größte Schussweite von 14,6 km, die normale Feuergeschwindigkeit liegt bei drei Schuss pro Minute. Es kann die komplette Munitionspalette der 15,5-cm-schweren-Feldhaubitze M1 verschossen werden. Ein halbautomatischer elektro-hydraulischer Rammer erlaubt das absolut gleichmäßige Ansetzen einer Granate, wodurch die Genauigkeit des Geschützes verbessert wird. Die Treibladung wird von Hand in den Laderaum geschoben.
Österreich entsandte 1969 eine Delegation zum Truppenübungsplatz Grafenwöhr in Deutschland, wo von der US-Army die M109 beim Fahren und Schießen vorgeführt wurde. Die Entscheidung, 38 PzH M109 zu erwerben, fiel 1970, sie sollten die M7B2 ablösen. Jedes der drei Panzerartilleriebataillone erhielt 12 Panzerhaubitzen.

Panzerhaubitze M109A2

Im Jahr 1984 wurden aus den USA 18 Panzerhaubitzen M109A2 beschafft. Die M109A2 besaß ein im Vergleich zur M109 Basic viel längeres Rohr mit L/39 Kaliberlängen, welches die Schussweite auf 19 km erhöhte. Eine weitere Modifikation im Laderaum der eingebauten 155-mm-Haubitze M183 erlaubte die Verwendung einer neunten Ladung, die die Schussweite auf 23,6 km brachte.

Panzerhaubitze M109A2 GB. Die Panzerhaubitzen der englischen Rheinarmee ersetzten bis zu ihrem Umbau auf PzH M109A5Ö die kurzrohrigen M109 Basic in den Artillerie-Regimentern 1 und 2.

Panzerhaubitzen M109A2 GB und M109A3 GB

1994 konnte von der britischen Rheinarmee die komplette Ausrüstung mit Panzerhaubitzen M109 (102 Stück) erworben werden, weil die britischen Streitkräfte auf die neue in England gefertigte Panzerhaubitze AS 90 umrüsteten.

Es handelte sich sowohl um M109A2, die direkt als solche gebaut worden waren, als auch um ältere Panzerhaubitzen M109A3, bei denen es sich um umgebaute PzH M109A1 handelte. Die Rohre der englischen PzH waren bereits mit dem verbesserten Übergangskonus im Laderaum versehen, der für das Verschießen der 9. Ladung erforderlich ist. Die englischen PzH tragen teilweise große Staukörbe an der Turmvorderseite und sind mit umfassenden, von den USA abweichenden Hilfsmitteln für den Schieß- und Übungsbetrieb ausgestattet. Diese wurden von Österreich nicht übernommen. Die englischen Haubitzen ersetzten vorübergehend die M109 Basic in den Panzerartilleriebataillonen und wurden dann durch die HZA Klagenfurt zum Großteil auf die PzH M109A5Ö umgebaut.

4.6.6 PANZERHAUBITZE M109A5Ö

Mit der Beschaffung der US-Panzerhaubitzen M109 und den gelockerten Bestimmungen im Rahmen der »Partnerschaft für den Frieden« konnte Österreich an bestimmten Gremien der NATO teilnehmen. Eine der wichtigsten im Rahmen der NAMSA (NATO Maintenance and Supply Agency) war die »Weapons Partnership M109«, an der alle europäischen Armeen teilnehmen, die über diese Panzerhaubitze verfügen. Schon die ersten Treffen führten zu erstaunlichen Erkenntnissen. Österreich konnte bisher Mängel oder Schäden an den M109 nur an den ODC-Offizier beim US Military Attaché an der amerikanischen Botschaft in Wien melden. Dessen Regelantwort war, dass diese Fehler nur in Österreich auftreten würden. Hilfe kam wenig bis keine. Bei ersten Sitzungen der internationalen Gruppe stellte sich jedoch rasch heraus, dass dieselben Mängel in den Niederlanden, Belgien. Italien, Großbritannien, Deutschland usw. zu finden waren und die verschiedenen Länder mangels Hilfe aus den USA bereits selbst für Lösungen gesorgt hatten.

Panzerhaubitze M109A5Ö.

Panzerhaubitze M109A5Ö	
Kurzbezeichnung	PzH M109A5Ö
Herstellerland	USA
Hersteller	Bowen McLaughlin York, Penn. USA (Fahrgestell), RUAG, Schweiz (NAPOS-Navigations- und Positionierungsanlage), SELAN (gesamte Elektrik, Fahrgestellverstärkung, automatische Rohrstütze, Ansetzvorrichtung, HALON-Feuerlöschanlage)
Gefechtsgewicht (kg)	27.000
L/B/H (mm)	11.400 (mit Rohr)/3.180/3.200
Motor	GMC Achtzylinder-Zweitakt, Diesel
Leistung (PS/min^{-1})	405/1.600
Höchstgeschw. (km/h)	60
Reichweite (km)	350
Steigfähigkeit (%)	60
Besatzung	5 Mann
Hauptbewaffnung	155-mm-Kanone M284 mit 39 Kaliberlängen
Schussweite (km)	$\leq$ 30
Nebenbewaffnung	12,7-mm-Fla-MG M2
Panzerung (mm)	Aluminium, 20
Baujahre	1996–1997
Baujahre	1943–1945

Die Europäer wünschten eine solide Ersatzteilversorgung der M109-Haubitzen bis zur M109A5 und hatten teilweise begonnen, bestimmte nicht lieferbare Ersatzteile – eigentlich regelwidrig – selbst herzustellen, weil diese aus den USA nicht zu erhalten waren. Auch die Tatsache, dass gewisse Teile Asbest enthielten und daher auszutauschen gewesen wären, ließ die zuständigen Stellen in den USA kalt. Die Amerikaner waren an einer Behebung der Probleme der PzH 109 A1 bis A5 wenig interessiert, weil ihr Schwerpunkt darin lag, ihre neue Panzerhaubitze M109A6 »Paladin« zu verkaufen. Diese besaß zwar noch dasselbe Fahrgestell und Laufwerk, wich aber in radikaler Weise vom bisherigen Entwicklungsprinzip der M109 ab. Es handelte sich praktisch um eine teure Neukonstruktion des Turmes. Sie folgte einem völlig anderen Einsatzkonzept, bei dem die Berechnung der Schießdaten durch den Geschützführer im Turm der M109A6 und nicht wie bisher bei einer zentralen Rechenstelle erfolgte. Kein europäischer Staat konnte sich für diese Lösung erwärmen.

In dieser Phase stellte der österreichische Verteidigungsattaché in Bern Verbindung zwischen dem schweizerischen und dem österreichischen Projektleiter für die Kampfwertsteigerung der M109 her, und es kam zu einer Vereinbarung zur Zusammenarbeit. Die Schweiz hatte zusammen mit Israel weitgehende Vorarbeiten für ein neues und revolutionäres Artilleriesystem ausgearbeitet, dessen hauptsächliche Neuerung die Einführung eines Koppelungs-Navigationssystems war, welches erlaubte, die Position einer Haubitze innerhalb von zwei Minuten zu bestimmen. Lagen bei der zentralen Rechenstelle Zieldaten vor, so erhielt die Haubitze Seite und Erhöhung übermittelt und konnte sofort schießen. Die Panzerhaubitzen einer Batterie konnten weit auseinanderliegende Stellungen beziehen, wodurch ihre Bekämpfung sehr erschwert wurde.
Bis zum Typ PzH M109A5Ö mussten ja zuerst die Koordinaten für die Geschützstellung ermittelt werden, was eine genaue Vermessung der Feuerstellung wie bei der gezogenen Artillerie bedeutete und darin resultierte, dass nach einem Stellungswechsel mehrere Stunden verstrichen, bis eine Artillerieeinheit wieder feuerbereit war. Bei der M109A5Ö hingegen ist in 30 Sekunden nach dem Halt der genaue Standort jedes Geschützes bekannt. Liegen Zieldaten vor, erhält jede Haubitze von der Rechenstelle den Feuerbefehl, feuert die vorgeschriebene Zahl an Granaten ab und fährt unverzüglich zu nächster Feuerstellung weiter. Der kurze Feuerhalt vermeidet Gegenfeuer, welches auch durch weit auseinandergezogene Feuerstellungen sehr erschwert wird.
Der Kern des Navigationssystems ist ein Laser-Kreisel, der zwar teuer ist, aber ausgezeichnete Ergebnisse liefert. Der bisher bei den USA-Panzerhaubitzen an der Turmrückwand positionierte Ansetzer wurde durch eine Entwicklung der Firma Intertechnik in Linz ersetzt, die am Verschluss angebracht wurde. Während die amerikanische Lösung erforderte, dass das Rohr vor jedem Schuss zum Laden in eine immer gleiche festgelegte Ladeposition gebracht werden musste, konnte die M109A5Ö in jeder Rohrstellung geladen werden. Die Feuergeschwindigkeit wurde dadurch erheblich höher. Bei Versuchsschießen wurden bis zu zehn Schuss pro Minute erreicht. Die M109A5Ö ist eines der besten in Europa vorhandenen Geschütze.

4.6.7 RECHENSTELLENPANZER M109Ö

Durch den Ankauf von 18 neuen M109A2 aus den USA und der kompletten Panzerartillerie der englischen Rheinarmee im Umfang von 102 Stück M109A2/A3 und den Ankauf von 54 Stück M109A5Ö in der schweizerisch-österreichischen Ausführung aus den USA blieben die 38 M109 Basic übrig. Der Umbauaufwand für das Kurzrohrgeschütz auf A5 lohnte sich nicht mehr. Die Heereszeuganstalt (HZA) Klagenfurt wurde

daher beauftragt, aus den überschüssigen Fahrgestellen Rechenstellenpanzer und Fahrschulpanzer herzustellen. Für die Rechenstellen der Artilleriebataillone, die bisher unter äußerst beengten Platzverhältnissen in einem Saurer-Führungspanzer untergebracht waren, wurde der M109-Turm ausgeräumt und fest mit der Wanne verschraubt. Der Artillerierechner ATC mit dem erforderlichen Teil (Drucker) des Elektronischen Artillerie Feuerleitsystems (EAFLS) wurde eingebaut. Zusätzlich wurde die Navigations-, Orientierungs- und Richtanlage NORA eingebaut, die sich in identischer Form in den Geschützpanzern befindet. Es wurde auch erwogen, aus überschüssigen M109 Basic einen Gefechtsstellenpanzer für höhere Kommanden zu bauen. Dafür war auch ein ULAN-Fahrgestell in Erwägung. Eine Entscheidung ist bisher nicht gefallen.
Parallel zu den Geschützen wurden im Laufe der Zeit die Geräte zur Feuerleitung verbessert und erneuert. Bei Reduzierung der Panzerartillerie um 2011 wurde auch die Fertigung von Rechenstellenpanzern abgebrochen und ein Teil zusammen mit den umgebauten Panzerhaubitzen M109A5Ö aus dem Bestand der Rheinarmee an Lettland verkauft. 2024 gibt es noch 26 Rechenstellenpanzer, die teilweise auch als bewegliche Gefechtsstände bzw. Beobachtungsfahrzeuge an Stelle der früheren Saurer-Schützenpanzer eingesetzt werden.

Der Rechenstellenpanzer M109Ö war ein Umbau des M09 Basic.

4.6.8 FAHRSCHULPANZER M109A5Ö

Das österreichische Bundesheer kaufte zur Deckung eines dringenden Bedarfs fünf Fahrschulkabinen von der niederländischen Armee an, gefertigt von DAF. In der Folge wurden bei der HZA Klagenfurt die überzähligen M109 Basic in Fahrschulpanzer umgebaut. Dazu wurde der ausgeräumte Turm mit großzügigen Fenstern versehen, sodass er Platz bot für einen Fahrlehrer und drei Fahrschüler. Alle Bedieneinrichtungen und die Fahrgestelle wurden auf den Stand M109A5Ö gebracht. In Summe fertigte die HZA Klagenfurt elf Fahrschulpanzer M109A5Ö, die in einer zentralen Fahrschule auf dem Truppenübungsplatz Allentsteig eingesetzt werden.

Insgesamt elf Fahrschulpanzer M109A5Ö wurden gefertigt.

Das weitere Schicksal der M109A5Ö

Im Zuge der Heeresreform 2009 wurden die Panzerartilleriebataillone aufgelöst. Es wurden nur die 54 Fahrzeuge aus der letzten Lieferung der USA behalten. Die übrigen Panzerhaubitzen wurden zusammen mit einer Anzahl von Rechenstellen- und Fahrschulpanzern zu sehr günstigen Konditionen an Lettland verkauft. Die Letten gaben mit Genehmigung der USA eine Batterie mit Rechenstellen- und Fahrschulpanzern an die Ukraine weiter.[15] Die verbliebenen Geschütze wurden auf die drei neu aufgestellten Artillerie-Aufklärungsbataillone aufgeteilt, eine nur in Österreich verwendete Organisationsform, die gegenüber den früheren Panzerartilleriebataillonen (PzAB3, PzAB4, PzAB9) statt drei nur mehr über zwei schießende Batterien zu acht Geschützen verfügt.

[15] Die Ukraine sollte aus Lettland sechs PzH M109A5Ö, zwei Rechenstellenpanzer und einen Fahrschulpanzer erhalten.

4.6.9 RAKETENJAGDPANZER HOT UND JAGUAR

Im österreichischen Bundesheer war es ein lang gehegter Wunsch, die Kanonenjagdpanzer durch ein weiterreichendes System von Raketenjagdpanzern zu ergänzen. Der erste Ansatz bestand darin, den Turm des amerikanischen Aufklärungspanzers »General Sheridan« M551 auf das Fahrgestell des Jagdpanzers Kürassier aufzusetzen. Die amerikanische Seite war dazu sofort bereit, und die erforderlichen Daten und Pläne wurden übergeben.

Der Sheridan war nach sehr langer Entwicklungszeit ab 1970 in größerer Zahl in die amerikanische Armee eingeführt worden. Der Turm trug eine kurze 152-mm-Mehrzweck-Kanone, die eine Hohlladungsgranate mit verbrennbarer Hülse verschießen konnte, aber auch in der Lage war, als Startvorrichtung für die Lenkwaffe »Shillelagh« zu dienen. Erste theoretische Überlegungen ließen erkennen, dass diese Kombination einen Panzer ergeben würde, der die Mobilität des ohnehin sehr beweglichen Sheridan noch übertreffen würde. Während der Entwicklungsphase stellte sich jedoch heraus, dass die Sheridan-Kanone die Erwartungen nicht erfüllte. Die Lenkwaffe explodierte zu häufig nach dem Abschuss, und in Vietnam wurde daher der Sheridan nur mit der großkalibrigen Hohlladungsgranate eingesetzt. Der Plan musste daher aufgegeben werden.

In der Folge wurde ein Projekt ausgeführt, das als Abschussanlage einen HCT-Einmannturm für vier HOT-Flugkörper vorsah, aufgebaut auf einem Schützenpanzer. Die HOT-Flugkörper wurden aus ihrer Verpackung heraus gestartet.

Das Projekt wurde für das österreichische Bundesheer uninteressant, als die Deutsche Bundeswehr ihre Raketenjagdpanzer-Kompanien bei den Brigaden auflöste und Österreich die kostengünstige Abgabe von Raketenjagdpanzern Jaguar 1 anbot. Das Bundesheer kauft 90 Stück Jaguar 1, ausgerüstet mit einem Starter für das Raketensystem HOT, 30 Stück Beobachtungspanzer auf dem gleichen Fahrgestell und 10 Jaguar 2 ohne jede Lenkwaffenabschussanlage an. Dazu wurden auch die dazugehörigen Reparatur- und Instandsetzungsausrüstungen abgegeben. 76 Stück des Jaguar 1 wurden für den Einsatz in Österreich umgerüstet und mit passenden Funkgeräten und Antennen versehen. Die übrigen Panzer dienten der Ersatzteilvorsorge.

Charakteristisch für den Jaguar ist eine Abschussanlage unter Panzerschutz, bei der der Starter im Bedarfsfall ausgefahren wird und aus einem Trommelmagazin mit acht Raketen geladen und nachgeladen werden kann. Die dazugehörigen Ziel- und Lenkeinrichtungen befinden sich oberhalb der Bugplatte in der Fahrzeugmitte. Die Jagdpanzer Jaguar in Österreich verschossen die Lenkwaffe HOT 3, die durch ihren Tandem-Hohlladungsgefechtskopf die schwersten Panzerungen durchschlagen konnte. Die Einsatzschussweite reichte bis 4000 Meter.

Nach dem Zerfall des Warschauer Paktes fiel die Einsatzgrundlage für die sechs österreichischen Panzerabwehrkompanien weg. Das Panzerabwehrbataillon wurde 2006 aufgelöst.

Das Projekt, einen HZT-Einmannturm für vier Hot-Flugkörper auf einem SPz aufzubauen, wurde wegen des Ankaufs der Raketenjagdpanzer Jaguar 1 eingestellt.

Raketenjagdpanzer Jaguar.

4.6.10 FLA-SELBSTFAHRLAFETTE M42

Auf dem Fahrgestell der leichten Panzerfamilie M41 war ein runder, oben offener Drehturm aufgesetzt, der eine 40-mm-Zwillingsflak (Typ Bofors) mit Mündungsfeuerdämpfern trug. Diese Fla-Selbstfahrlafette war während ihrer Einsatzzeit im österreichischen Bundesheer nur mehr gegen langsame Erdkampfflugzeuge und Hubschrauber wirksam. Es war nur eine optische Richtmöglichkeit vorhanden. Die Selbstfahrlafette wurde für viele Jahre als Platzhalter für einen neu zu beschaffenden verbesserten Flakpanzer oder Fla-Lenkraketenträger in der Truppe gehalten. Die Steyr-Daimler-Puch AG versuchte zweimal eine Ersatzlösung anzubieten: den radargesteuerten 20-mm-Zwillingsturm TA 20 von Dassault und alternativ den radargesteuerten 30-mm-Zwillings-Flakturm DCA 30 von Thompson-CSF auf einem Schützenpanzer-Fahrgestell. Beide Fahrzeuge wurden im Bundesheer eingehenden Erprobungen unterzogen. Bei einem Vergleichsschießen am Fla-Schießplatz am Neusiedlersee erzielte der 20-mm-Turm TA 20 mit Radar bessere Abschussergebnisse als die 3,5-cm-Zwillingsflak Oerlikon mit dem Radar Super-Fledermaus. Im 30-mm-Zwillingsturm waren zwei 30-mm-Maschinenkanonen Hispano Suiza HSS 831 zusammen mit einem Radargerät »oeil vert« (grünes Auge) eingebaut.

Fla-Selbstfahrlafette M42.

Der 20-mm-Zwillingsturm TA 20 von Dassault auf einem Schützenpanzer-Fahrgestell.

30-mm-Zwillings-Flakturm DCA 30 von Thompson-CSF, ebenfalls auf einem Schützenpanzer-Fahrgestell.

Eine Entscheidung für diese beiden Projekte war nicht zu erreichen. Die Fla-Selbstfahrlafetten M42 wurden 1994 ohne Ersatz ausgemustert. Damit löste sich die Panzerflak als Waffengattung bis 2024 faktisch auf.

4.6.11 BERGEPANZER M88

Eine große kastenartige Wanne trägt auf der Oberseite einen A-förmigen Ausleger mit 23 t Tragfähigkeit und vorne eine Stützschaufel. Eingebaut sind eine Hauptwinde mit 37 t Zugkraft und eine Hilfswinde mit 22 t Zug- bzw. Hubkraft, wenn das Seil über den Ausleger gelegt wird. Der M88 verwendet einige Teile des Fahrgestells des mKPz M48A2 (Getriebe, Motor, Lauf- und Stützrollen). Es wurden zehn Stück angekauft, die über einen Otto-Motor Continental/AVSI-1790 6a verfügten. Die M88 standen bis 1989 im Dienst, aber schon 1987 wurde klar, dass diese Bergepanzer ohne Umbau nicht im Betrieb zu halten sein würden, weil sie auf den Ersatzteilstock der mKPz M47 und M48 angewiesen waren, der nicht mehr zufriedenstellend verfügbar gewesen wäre, sobald diese Panzer in der US-Army ausgemustert worden wären.
Es bestand daher die dringende Notwendigkeit, diese Bergepanzer so weit wie möglich an die Ersatzteilversorgung des M60A3 anzupassen, sodass sie weitgehend dem Typ M88A1 der Amerikaner entsprachen. Die zehn Bergepanzer wurden daher auf den Dieselmotor des M60A3 umgerüstet und erhielten eine leistungsfähigere Bergewinde. Eingebaut wurden neue, kleinere Treibstofftanks, weil dieser Motor nur den halben Treibstoffverbrauch hatte und so trotz der kleineren Tanks einen höheren Fahrbereich aufwies. Der eingebaute Benzin-Hilfsmotor wurde ebenfalls ersetzt, und zwar durch einen Zweizylinder-Diesel-Motor. Durch die Treibstoffgleichheit mit dem Kampfpanzer M60A3 konnte die bisher im Bundesheer nicht verwendbare, im M88 eingebaute Umtankanlage benutzt werden.
Als Nebenbewaffnung wurde eine Wegmann-Nebelwurfanlage in zwei Vierer-Gruppen angebaut. Dazu kamen eine neue Heizung, Feuerlöschanlage und eine Änderung der Bedienelemente. Am Fahrer- und Mechanikerplatz kamen Restlichtverstärker-Fahrgeräte zum Einbau.
Es wird seither versucht, einen mit dem Leopard 2 kompatiblen Bergepanzer zu beschaffen. Bis dahin müssen die M88A1 trotz immer schwieriger werdender Ersatzteilbeschaffung in der Truppe gehalten werden.

Bergepanzer M88A1	
Kurzbezeichnung	sBgePz M88
Hersteller	Bowen McLaughlin York Inc., USA
Umbau in Österreich	Heereszeuganstalt (HZA), Wels
Gefechtsgewicht (kg)	50.800
L/B/H (mm)	8.270/3.430/3.120
Laufwerk	Rollenlaufwerk mit 6 Laufrollen, Antriebsrad hinten
Motor	Continental AVDS-1790-2DR
Leistung (PS/min^{-1})	750/2.400
Höchstgeschw. (km/h)	50
Steigfähigkeit (%)	60
Kletterfähigkeit (mm)	1.070
Überschreitfähigkeit (mm)	2.620
Watfähigkeit (mm)	1.630
Hauptwinde	hydraulisch angetriebene Trommelwinde mit 60 m Seillänge und 32 mm Seildurchmesser, Zugkraft 45 t
Hilfswinde	hydraulisch angetriebene Trommelwinde mit 120 m Seillänge und 16 mm Seildurchmesser, Zugkraft 22,5 t
Ausleger	Hubhöhe 7600 mm, Hubkraft 22,5 t mit und 5,5 t ohne Verankerung
Ausrüstung	Hydraulische Stützschaufel, autogenes Schneid- und Schweißgerät, Elektro-Schlagschrauber
Besatzung	4 Mann
Bewaffnung	12,7-mm-üsMG M2, Nebelwurfanlage
Baujahre	1960–1962

Der Bergepanzer M88.

4.6.12 BERGEPANZER M578

Die Niederlande boten aus ihren Überschussbeständen zu einem günstigen Preis amerikanische Bergepanzer des Typs M578 an, die in den USA systemmäßig zu den PzH-M109-Verbänden gehören. 32 Stück wurden angekauft. Sie wurden lange im Arsenal in Wien gelagert, und weil zwischenzeitlich durch die Heeresreform 2009 die Anzahl der Panzerhaubitzen reduziert wurde, wurden nur 21 davon in der HZA Klagenfurt überholt, auf einen einheitlichen Stand gebracht und an die Panzerartillerieverbände ausgegeben. Vorgesehen war ein Bergepanzer pro Panzerartilleriebatterie.

Der Bergepanzer M578 wird in den USA als »leichter« Bergepanzer eingestuft und ist dafür ausgelegt, Fahrzeuge mit maximal 30 Tonnen Gefechtsmasse zu bergen. Die Leistungsdaten passen ausgezeichnet zu den Panzerhaubitzen M109A5Ö. Der M578 ist allerdings nicht mit der M109-Serie kompatibel, weil er auf dem Fahrgestell der 175-mm-Selbstfahrlafette M107 und der 203-mm-Selbstfahrlafette M110 aufgebaut ist. Dieses Fahrgestell erlaubt aber den Aufbau eines gepanzerten drehbaren Turmes im Fahrzeugheck. Der Auslegerkran ist in der Lage, 13.000 kg zu heben, und zwar nur hinter dem Fahrzeug, wenn sich dieses auf den ebenfalls hinten angebrachten Stützschild abstützen kann. Unterhalb des Krans ist die Ausgangsöffnung für das Zugseil. Die hydraulisch angetriebene Winde kann eine Zugkraft von 27 Tonnen entwickeln. Eine Hilfswinde mit 13 Tonnen Zugkraft und 67 m Seil dient zum Auslegen des Hauptseiles.

Ein M578 wurde in der HZA Klagenfurt als Prototyp für eine Generalüberholung umgebaut. Die Seilwinde, der Stützschild und der Kran wurden erneuert und eine Heizung eingebaut. Die Bedienung wurde so modernisiert, dass die Bergemittel auch aus der Ferne eingesetzt werden konnten. Dieser Bergepanzer ist allein als Museumsobjekt im Heeresgeschichtlichen Museum Wien erhalten geblieben. Für alle übrigen wurde 2010 entschieden sie abzustoßen, wodurch die M109-Einheiten wieder mit dem an der Grenze seiner Leistungsfähigkeit befindlichen Bergepanzer »Greif« ausgerüstet werden mussten.

Bergepanzer M578	
Kurzbezeichnung	mBgePz M578
Hersteller	BMY York, USA
Gefechtsgewicht (kg)	24.500
L/B/H (mm)	6.430/3.150/3.120
Laufwerk	Rollenlaufwerk mit 5 Laufrädern, Antriebsrad vorne
Motor	General Motors 8VT-7083-7098
Leistung (PS/min^{-1})	350/1.700
Höchstgeschw. (km/h)	55
Steigfähigkeit (%)	60
Kletterfähigkeit (mm)	670
Überschreitfähigkeit (mm)	1.100
Watfähigkeit (mm)	1.200
Hauptwinde	hydraulisch angetriebene Trommelwinde mit 70 m Seillänge, Zugkraft 27,24 t
Hilfswinde	hydraulisch angetriebene Trommelwinde mit 67 m Seillänge, Zugkraft 13,62 t
Drehkran	Kranarmlänge von 4.300 mm, Hubkraft 6.810 kg (mit 2:1-Flaschenzug 13 620 kg)
Ausrüstung	Hydraulische Stützschaufel, autogenes Schneid- und Schweißgerät, Elektro-Schlagschrauber
Besatzung	3 Mann
Bewaffnung	12,7 mm üsMG M2, Nebelwurfanlage
Baujahre	1971–1983

Bergepanzer M578.

4.6.13 ALLSCHUTZ-TRANSPORTFAHRZEUG DINGO 2

Allschutzfahrzeug Dingo 2A3	
Herstellerland	Deutschland
Hersteller	Daimler-Benz (UNIMOG U-5000-Fahrgestell), Krauss-Maffei (Panzeraufbau)
Gefechtsgewicht (kg)	12.500
L/B/H (mm)	6.100/2.390/ca. 2.600(ohne MG-Kuppel)
Radstand (mm)	3.850
Motor	Daimler-Benz OM 924 LA Diesel
Leistung (PS/min^{-1})	222/2.200
Reifen	365/80 R20 X2L 152 M mit Notlauffelge, Reifendruckregelanlage
Höchstgeschw. (km/h)	89
Steigfähigkeit (%)	70
Kletterfähigkeit (mm)	1.200
Besatzung	5–8 Mann
Bewaffnung	7,62-mm-MG 74 in ferngesteuerter Kuppel WS4 Panther von ESL-AIT

Durch die Auslandseinsätze des österreichischen Bundesheeres in Afghanistan und im Kosovo bestand ein Bedarf an gepanzerten Transportfahrzeugen mit gutem Minenschutz. Im September 2004 wurden 20 Dingo in der Ausführung der Deutschen Bundeswehr angekauft und nach dem Eintreffen sofort per Flugzeug nach Afghanistan weitergeschickt. Der Dingo kann nach Abnahme der MG-Kuppel in einer C-130 Hercules verladen werden.

Der Dingo ist eine Kombination aus einem zivilen Unimog-5000-Fahrgestell mit einer von Krauss-Maffei hergestellten gepanzerten Sicherheitszelle, die Schutz gegen die Explosion einer 8-kg-Panzermine bietet. Bewirkt wird dies durch besondere Minenschutz-Platten, eine Sitzaufhängung am Dach der Zelle und die gesicherte Unterbringung aller Ausrüstungsgegenstände im Inneren. Eine ABC-Filteranlage ist eingebaut. Zur Selbstverteidigung dient eine von innen mit Periskopen zu bedienende MG-Kuppel für ein 7,62-mm-MG 74.

Eine vom Fahrer zu steuernde Reifendruckanlage erlaubt die Anpassung an die Wegverhältnisse, obwohl der Dingo infolge seiner Masse an ein Wegenetz gebunden und nicht geländegängig ist. Normalerweise ist nur die Hinterachse angetrieben, im Notfall kann die Vorderachse zugeschal-

Im Zuge einer Road-Show zeigte das Österreichische Bundesheer im Dornbirner/Hohenemser Steinbruch das Allschutz-Transportfahrzeug (ATF) Dingo 2. (Foto: Böhringer Friedrich, CC BY-SA 2.5)

tet werden. Spezielle Reifen mit Notlaufeigenschaften erlauben eine Weiterfahrt auch bei totalem Druckverlust im Reifen. Das Fahrzeug enthält alle für eine Patrouillentätigkeit erforderlichen Navigations-, Verbindungs- und Sichtanlagen. Der Schutz wird durch Panzerstahl und Verbundpanzerung dargestellt.
Die Fahrzeuge wurden im Rahmen der ISAF (International Security Assistance Force) in Afghanistan und werden bei der KFOR im Kosovo eingesetzt.
Das Bundesheer verfügt (2024) über 66 ATF Dingo 2 Patrouille, 39 ATF Dingo 2 ABC, 28 ATF Dingo 2 MatE und 30 ATF Dingo 2 Notarztwagen. Bis 2030 sollten die ATF Dingo 2 Patrouille um 50 Fahrzeuge aufgestockt werden.

ATF Dingo des österreichischen Bundesheeres als SAN-Fahrzeug. (Foto: KarlGruber, CC BY 3.0)

4.6.14 GESCHÜTZTES MEHRZWECKFAHRZEUG HUSAR

Der Husar wird als Führungs-, Aufklärungs-, Patrouillen- und Transportfahrzeug eingesetzt. Er ist gegen leichte Infanteriewaffen und Splitter geschützt und verfügt über an der Fahrzeugdecke befestigte Minenschutzsitze. Die Reifen haben Notlaufeigenschaften. Eine zentrale Reifenfüllanlage verbessert die Geländegängigkeit. Eine Klimaanlage verbessert die Situation der Besatzung, und es ist auch ein ABC-Schutzsystem eingebaut. Eine Rückfahrkamera unterstützt den Fahrer. Es wurden ca. 150 Stück gekauft, wobei zahlreiche Teile aus Österreich beigestellt werden.

Mehrzweckfahrzeug Husar	
Herstellerland	Italien
Hersteller	IVECO Bozen
Gefechtsgewicht (kg)	7.000
L/B/H (mm)	4.700 (lange Ausführung 5.500)/2.050/1.950
Spurweite (mm)	1.720
Radstand (mm)	3.200
Leistung (PS/min^{-1})	185/3.700
Höchstgeschw. (km/h)	130
Besatzung	4 Mann
Hauptbewaffnung	12,7-mm-üsMG in ferngesteuerter Waffenstation
Nebenbewaffnung	Nebelwurfanlage
Besatzung	5–8 Mann
Bewaffnung	7,62-mm-MG 74 in ferngesteuerter Kuppel WS4 Panther von ESL-AIT

Geschütztes Mehrzweckfahrzeug »Husar«.

4.6.15 GELÄNDEGÄNGIGER GEPANZERTER SATTELSCHLEPPER 12T M26

Unter den von den USA übergebenen Fahrzeugen befanden sich auch zwei geländegängige gepanzerte Sattelschlepper der Fima Pacific Car & Foundry vom Typ TR-1. Der gepanzerte Sattelschlepper konnte sowohl als Bergefahrzeug als auch als Transporter in Verbindung mit einem Tieflader Frühauf M15A1 verwendet werden, der 45 t Traglast bewältigen könnte. Bergemittel war eine Seilwinde mit 2.700/16.000 kg Zugkraft. Eingebaut war ein Hall-Scott-Sechszylindermotor mit 240 PS. Die Motorleistung wurde mit Ketten auf die Hinterräder übertragen.
Die Fahrzeuge sind heute eingemottet im Arsenal Wien.

Sattelschlepper M26	
Kurzbezeichnung	Gl geb Schl 12 M26
Gesamtgewicht (kg)	49.400
Nutzlast (kg)	27.200
Zugkraft (kg)	53.000
Zugkraft Seilwinden (kg)	27.000/16.000
Motor	Hall-Scott »440«, Sechszylinder-Ottomotor
Hubraum (ccm)	17.870
Leistung (PS/min^{-1})	240/2.100
Leistungsdichte (PS/t)	4,86
Getriebe	Schubvorgelege, 4 Vorwärts-, 1 Rückwärtsgang
L/B/H (mm)	7.780/3.320/3.130
Höchstgeschw. (km/h)	45
Steigfähigkeit (%)	30
Besatzung	7 Mann
Reichweite (km)	130
Bewaffnung	12,7-mm-üsMG M2
Panzerung (mm)	10
Baujahre	1943–1945

4.6.16 MITTLERES GESCHÜTZTES BERGEFAHRZEUG RHEINMETALL-MAN HX2

Von Rheinmetall-MAN Military Vehikels wurden 24 mittlere geschützte Bergefahrzeuge angekauft, die im Werk Wien aus Deutschland angelieferten Baugruppen zusammengebaut wurden. Die Kabine ist gegen eine gepanzerte Version austauschbar. Das Fahrzeug ist mit einem Palfinger-Ladekran und einer Seilwindenanlage mit zwei Seilwinden von Rotzler und einem Teleskop-Abschlepparm ausgestattet.
Für die Bergefahrzeuge wurden 35 Stück Vierachs-Tiefladeanhänger der Firma EMPL 48 Tonnen beschafft.

Bergefahrzeug Rheinmetall-MAN HX2	
Kurzbezeichnung	BGEFZG/GE
Gefechtsgewicht (kg)	33.635
Höchstzulässige Beladung (kg)	7.365
L/B/H (mm)	10.800/2.600/3.800–4.000(abhängig von der Stellung des Hubarms)
Motor	Sechszylinder-Viertakt mit Aufladung, Ladeluftkühlung und Common-Rail-Einspritzung
Leistung (PS)	540
Leistungsdichte (PS/t)	16.055
Höchstgeschw. (km/h)	90
Besatzung	3 Mann
Ausstattung	Rückfahrkamera, ABC-Schutzbelüftungsanlage, Standheizung, 6 hydraulische Abstützungen

Das Bergefahrzeug HX2 dient dem Bergen und Abschleppen defekter Fahrzeuge.

4.6.17 SCHWERES BERGEFAHRZEUG RHEINMETALL-MAN HX81 8 X 8

Drei schwere geschützte Bergefahrzeuge wurden als Ersatz für die in die Jahre gekommenen ÖAF-Kranwagen und Goldhofer-Tiefladeanhänger beschafft. Sie sind in der Lage, auch schwere Panzerfahrzeuge wie den Kampfpanzer Leopard 2 mit Hilfe einer 50-t-Seilzuganlage auf der Ladefläche mit zwei getrennten Seilzügen auf den zugehörigen EMPL-Tieflader zu ziehen und dann auch in schwierigem Gelände zu bergen. Für die eigentlich Bergung an der Stelle des Ausfalles ist jedoch ein schwerer Bergepanzer nötig, der das zu bergende Fahrzeug hinter den Tieflader schleppt und zum Tieflader hin ausrichtet.

Das Fahrzeug baut im Prinzip auf dem HX2 auf, allerdings sind alle Aggregate weit größer dimensioniert. Abweichend vom normalen Lkw-Bauprinzip befindet sich das aus fünf verschiedenen Kühlern bestehende Kühlaggregat auf der Ladefläche hinter dem Fahrerhaus. Es ist dort viel weniger dem Staub und der Verschmutzung ausgesetzt. Dahinter ist das aus zwei Seilwinden von je 25 Tonnen Zugkraft bestehende Seilaggregat montiert. Die Seilzuganlage stammt von Rotzler, auf das schwere Bergfahrzeug kann wechselweise eine geschützte oder eine normale Kabine aufgebaut werden. Das Fahrerhaus verfügt über drei Sitze. Dort finden der Bergetruppkommandant und zwei Bergegehilfen Platz. Über der Kabine ist ein Hochdach angeordnet, welches die Klimaanlage und die Basis für eine Waffenlage trägt. Die beiden Vorderachsen sind lenkbar, um einen optimalen Wendekreis zu erzielen.

Geschütztes schweres Bergefahrzeug HX81	
Hersteller	Rheinmetall MAN Military Vehicles GmbH, Werk Wien
Gesamtgewicht (kg)	Mit Schadfahrzeug beladen und Anhänger 120.000
Motor	MAN Achtzylinder-Viertakt mit Aufladung, Ladeluftkühlung und Common-Rail-Einspritzung
Hubraum (l)	15,3
Leistung (PS)	680
Konfiguration	8 x 8
Höchstgeschw. (km/h)	90
Besatzung	3 Mann
Ausstattung	Rückfahrkamera, ABC-Schutzbelüftungsanlage, Standheizung, hydraulische Abstützungen
Ausstattung	Rückfahrkamera, ABC-Schutzbelüftungsanlage, Standheizung, 6 hydraulische Abstützungen

4.6.18 UNIVERSALGELÄNDEFAHRZEUG BvS10 HÄGGLUNDS

Für die alpinen Verbände des österreichischen Bundesheeres wurden 32 Fahrzeuge des gepanzerten Transportfahrzeuges Hägglunds beschafft. Es handelt sich um ein Gelenkfahrzeug, das sich aus zwei Kettenfahrzeugen zusammensetzt, die mit einer hydraulisch beweglichen Kupplung verbunden sind. Die Lenkung des Fahrzeuges wird durch die hydraulische Ansteuerung des Knickgelenks bewirkt. Motor und Getriebe befinden sich im Vorderwagen. Ein AC-Schutzsystem ist eingebaut, es gibt ein Rundumsicht-Kamerasystem und eine elektrisch fernbedienbare Waffenstation. Eine Aufstockung auf 100 Fahrzeuge ist geplant.

Universalgeländefahrzeug BVS10 Hägglunds	
Kurzbezeichnung	BVS10
Hersteller	Hägglunds, Schweden
Gefechtsgewicht (kg)	16.000
Leistung (PS)	285
Leistungsdichte (PS/t)	17,8
L/B/H (mm)	8.230/2.250/ca. 3.000 (mit Waffenstation)
Höchstgeschw. (km/h)	65
Besatzung	Fahrer und maximal 10 Mann
Reichweite (km)	330
Bewaffnung	12,7-mm-üsMG in elektrisch fernbedienbarer Waffenstation
Baujahre	2016–2019

Aufgrund seiner hohen Mobilität ist das BvS10 für die alpinen Verbände des Bundesheeres bestens geeignet.

Die Lenkung des Fahrzeuges wird durch die hydraulische Ansteuerung des Knickgelenks bewirkt.

4.7 Radpanzer Pandur

4.7.1 MANNSCHAFTSTRANSPORTWAGEN PANDUR

Bei der Steyr-Daimler-Puch A.G., Werk Wien, wurde ab 1979 ohne staatlichen Auftrag an der Entwicklung eines Radpanzers gearbeitet. Bei dem später »Pandur« genannten Fahrzeug handelte sich um die völlige Neukonstruktion eines 6-x-6-Radfahrzeugs. Eine Erweiterung um ein Radpaar auf ein 8-x-8-Fahrzeug war vorgesehen und sollte die Möglichkeit bieten, auch schwerere Waffentürme aufzunehmen. Am Ende des Antriebsstranges konnten die Propeller oder Wasserstrahlturbinen eines Schwimmfahrzeuges angeflanscht werden. Es wurden keine starren Achsen verwendet, sondern eine für diese Fahrzeuge neuartige Einzelradaufhängung, bei der nach dem Prinzip des Geländefahrzeuges »Pinzgauer« jedes der sechs Räder einzeln an einem Panzerkasten aufgehängt wurde. Diese Konstruktion hält alle angetriebenen Räder im besten Bodenkontakt und sorgt so für einen optimalen Antrieb im Gelände. Der größte Vorteil besteht darin, dass das Fahrzeug ohne Raumverlust um einen halben Meter niedriger gebaut werden kann. Die Kriegserfahrung zeigt, dass bei Panzerfahrzeugen kaum jemals Treffer bis zu einem Meter Höhe über dem Boden auftreten. Die gefährdete Zone liegt zwischen der Fahrzeugoberkante und einem Meter über dem Boden. Jede Verringerung dieser Fläche bedeutet eine massive Erhöhung der Überlebenschancen in Gefechtssituationen.

Die Festlegung der Fahrzeugkonfiguration erfolgte mit besonderer Sorgfalt, und man kam zum Schluss, dieselbe Anordnung zu wählen, die sich schon bei den Saurer-Kettenfahrzeugen bewährt hatte, nämlich die Antriebsanlage rechts neben dem Fahrer einzubauen. Dies erlaubt es, problemlos einen fahrtechnisch optimalen gleichmäßigen Abstand zwischen den Rädern einzuhalten, obwohl die beiden Hinterräder auch enger zusammengestellt werden könnten. Der vorne liegende Motor bietet dahinter einen Kampfraum, der leicht zugänglich ist, eine optimale Freiheit in der Anordnung von Türmen oder Gerät und erlaubt darüber hinaus die beste Kommunikation zwischen der Besatzung.

Der vorne liegende Motorblock bietet zusätzlichen Schutz gegen Treffer von vorne. Dieser ist geringer als beim Einbau des Antriebs quer über den ganzen Bug, ermöglicht aber eine wesentlich bessere Sicht für den Fahrer. Entscheidend ist, dass der gesamte Antriebsstrang im Schutz der Panzerwanne zu liegen kommt. Die Räder sind an der geschweißten Panzerwanne aufgehängt, die beiden Vorderräder sind lenkbar, sodass der Panzer auch nach Verlust eines der vier Vorderräder fahrfähig und lenkbar bleibt.

Mannschaftstransportpanzer Pandur	
Kurzbezeichnung	MTPz P
Herstellerland	Österreich
Hersteller	Steyr-Daimler-Puch Spezialfahrzeug AG&Co KG, Wien
Gefechtsgewicht (kg)	13.500
L/B/H (mm)	5.780/2.500/2.060 (mit Turm 2.671)
Spurweite (mm)	2.148 (1. und 2. Achse), 2.155 (3. Achse)
Reifen	12,5-R20
Motor	Steyr WD-612.95
Leistung (PS/min^{-1})	260/2.500
Höchstgeschw. (km/h)	110
Reichweite Straße/ Gelände (km)	600/450
Steigfähigkeit (%)	70
Kletterfähigkeit (mm)	500
Überschreitfähigkeit (mm)	2.500
Watfähigkeit (mm)	1.200
Besatzung	3 Mann sowie je nach Typ weitere 7 Mann
Hauptbewaffnung	12,7-mm-üsMG M2 in Drehringlafette, Nebelwurfanlage
Baujahr	1996

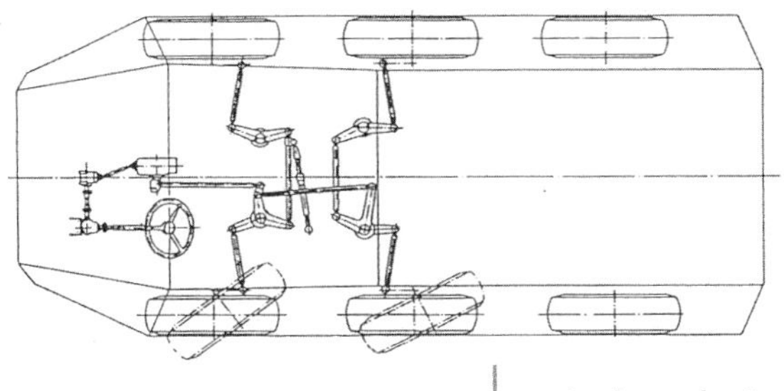

Lenkung des Pandurs.

Bei den einzeln aufgehängten Rädern sind die beiden vorderen mit einer Schraubenfeder, einem oberen Längslenker und einem unteren Querlenker versehen. Das dritte Radpaar hängt an einem Schwingarm mit Drehstabfederung. Als Motor wurde bei den ersten 64 Stück ein Steyr-Lkw-Dieselmotor WD 612.95 verwendet, der im österreichischen Bundesheer bereits im Lkw 12 M18 in großer Stückzahl vorhanden ist, im Pandur aber einen zusätzlichen Ladeluftkühler erhielt. Das Automatikgetriebe Allison MT 653 DR ist direkt an den Motor angeflanscht.

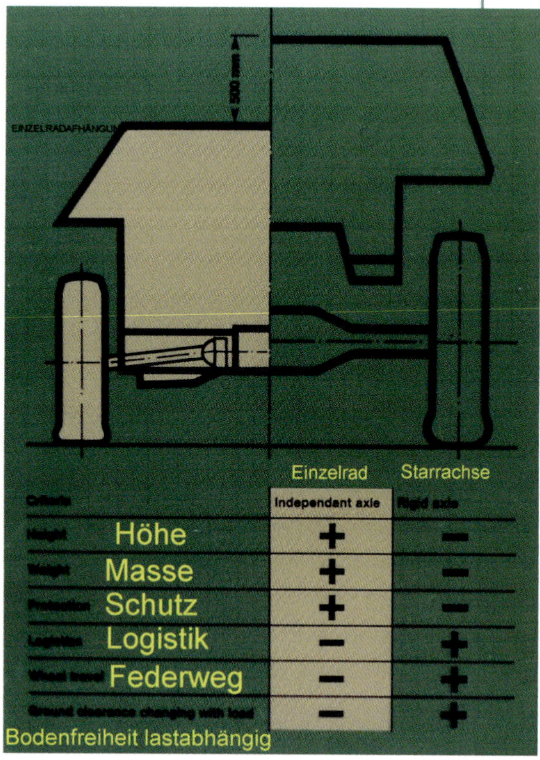

Vergleich Einzelradaufhängung vs. Starrachse.

Alle Achsantriebe und auch die in der Fahrzeuglängsachse liegende Kardanwelle sind mit Differentialsperren versehen. Eine Reifendruckregelanlage gestattet dem Panzerfahrer, den Reifendruck an die Bodenbeschaffenheit anzupassen. Reifendrücke zwischen 1,0 und 3,8 bar können stufenlos eingestellt werden. Die Geländegängigkeit ist damit wesentlich besser als bei Radpanzern mit Starrachsen. Die Wanne ist für drei Mann Besatzung und acht Grenadiere ausgelegt, die das Fahrzeug durch eine doppelflügelige Hecktür verlassen können.
Im Jahr 1978 suchte die Einsatzabteilung Kranich der Österreichischen Bundespolizei am Flughafen Wien-Schwechat einen Panzerwagen, um die Abflüge und Landungen der israelischen Luftlinie El-Al gegen Terrorangriffe sichern zu können. Die Steyr-Werke boten an, den Prototyp nach den Wünschen der Polizei zu modifizieren, und erhielten den Zuschlag. Der Prototyp versah viele Jahre lang seinen Dienst am Flughafen.
Die Beschaffung der ersten 64 Pandur-Mannschaftstransportpanzer wurde 1993 eingeleitet, die Fahrzeuge wurden bis 1996 geliefert. Sie verfügen als einzige Bewaffnung über ein 12,7-mm-üsMG M2. Infolge der

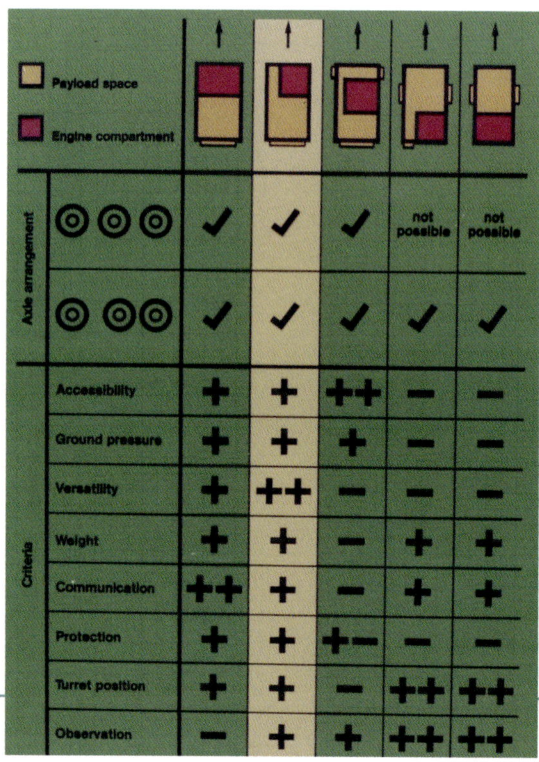

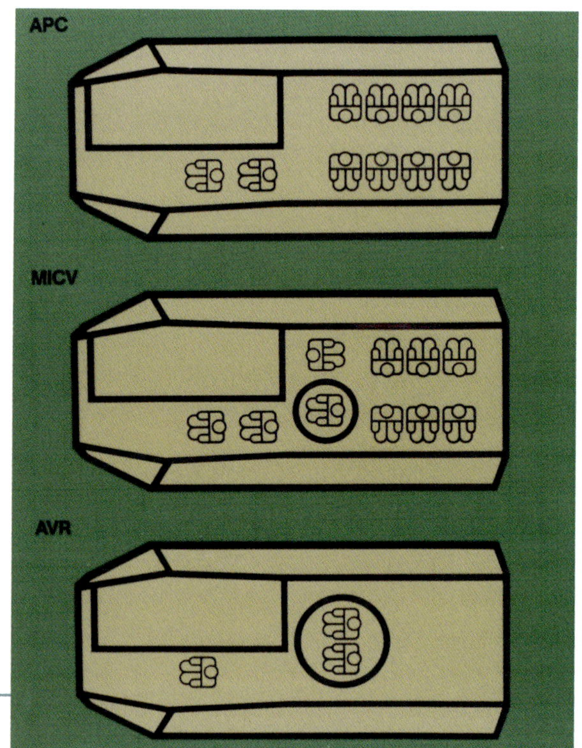

Verschiedene Konfigurationen für den Pandur wurden sorgfältig gegeneinander abgewogen.

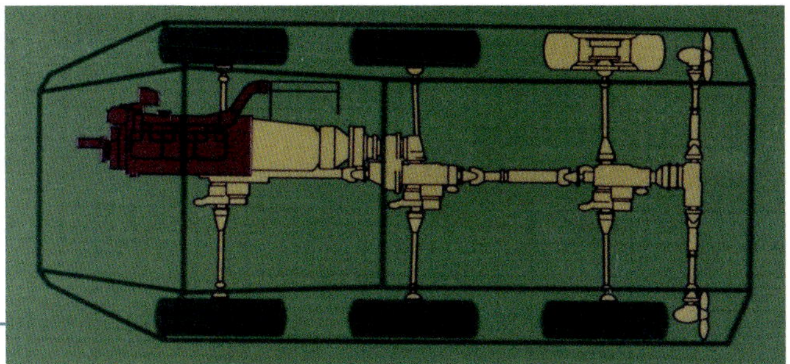

Der gesamte Antriebsstrang des Pandurs liegt im Schutz der Panzerwanne.

Der Mannschaftstransportwagen Pandur.

als geändert angesehenen Bedrohungslage nach 1989 sollte der Pandur vor allem bei Einsätzen im Rahmen von friedenserhaltenden Missionen Verwendung finden. Es kam zu Auslandseinsätzen im Kosovo (KFOR), in Afghanistan (AUCON/ISAF) und in Bosnien und Herzegowina (AUCON/ ALTHEA). In Österreich sind alle Pandur-Panzer in einem »gepanzerten« Jägerverband zusammengefasst. Ein Radpanzer wurde für Grenzschutzaufgaben mit ausklappbaren Scherengittern ausgestattet und soll am Grenzübergang Spielfeld in einer Situation wie 2015 den dortigen Autobahnbereich absichern.

Neben den 1996 vom Österreichischen Bundesheer angekauften Fahrzeugen wurde der Radpanzer nach Belgien, Kuwait und auch nach den USA exportiert, wobei teilweise der Bau unter Lizenz erfolgte.

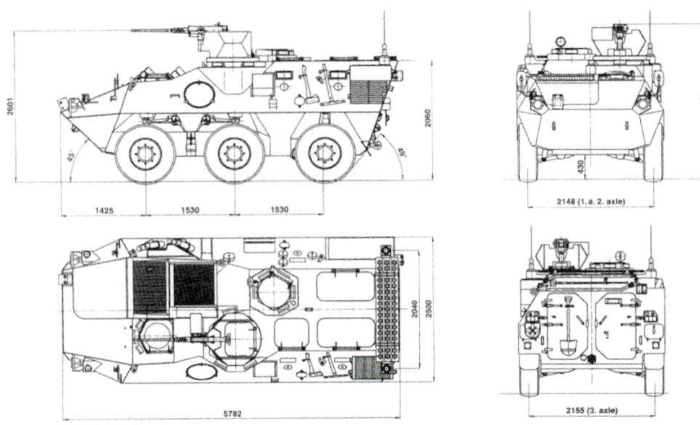

Zeichnung des MTPz Pandur.

Mannschaftstransportpanzer Pandur A1 (MTPz PA1)

Im Jahr 2004 wurden die Mannschaftstransportpanzer Pandur einer Überholung und Nachrüstung unterzogen, die sich aus den Erfahrungen mit den Einsatzerfahrungen im Kosovo und in Afghanistan herleiteten. Auffälligste Änderung war ein Drahtabweiser vor dem Fahrerplatz, der bis zur Höhe der Drehringlafette hochgezogen ist. An den beiden Seiten wurde eine Wegmann-Mehrfachwurfanlage für Nebel- und Splittergranaten montiert. Nach dem Muster des SPz Ulan wurden die Klappsitze der Grenadiere zur Verbesserung des Minenschutzes an der Wannendecke aufgehängt und mit Sicherheitsgurten versehen. Der MTPz PA1 erhielt eine verbesserte Heizung mit der Möglichkeit zur Kühlwasser-Vorwärmung. Fernmeldeeinrichtung und Bordsprechanlage wurden komplett erneuert.

Ein modifizierter Pandur versah als Prototyp viele Jahre seinen Dienst bei der Polizei.

4.7.2 RADPANZER PANDUR II

Die Steyr-Daimler-Puch A.G bot anschließend ein Fahrzeug mit verlängertem Radstand an, um mehr Platz im Kampfraum zu erhalten. Mit dem Kauf der Steyr-Daimler-Puch A.G. durch General Dynamics erfolgte der weitere Ausbau zum 8 x 8 Pandur II.

Der Pandur II wurde zuerst für die portugiesische und in wesentlich erweiterter Form für die tschechische Armee hergestellt.

Viatura Blindada de Rodas Pandur II 8x8	
Kurzbezeichnung	VBR-Pandur II
Herstellerland	Österreich, Lizenzbau in Portugal
Hersteller	Steyr-Daimler-Puch Spezialfahrzeug AG&Co KG Wien, Fabrequipa, Portugal
Gefechtsgewicht (kg)	23.000
L/B/H (mm)	7.350/2.660/2.008 (ohne Türme)
Radstände (mm)	1.530/1.400/1.400
Reifendimension	12,5-R20
Motor	Sechszylinder-Cummins-Diesel ISL.c, HPCR-Serie
Leistung (PS/min^{-1})	455/2.100
Höchstgeschw. (km/h)	105 (Straße)
Reichweite (km)	750 (Straße)
Steigfähigkeit (%)	70
Kletterfähigkeit (mm)	500
Überschreitfähigkeit (mm)	2.500
Watfähigkeit (mm)	1.200
Besatzung	2 +12 Mann (Grenadier Variante)
Hauptbewaffnung	12,7-mm-üsMG M2 in Drehringlafette oder Turm SP30 mit 30-mm-Mauser-Kanone

Radpanzer 8x8 Pandur II für Portugal

Die 8-x-8-Version des Pandur II bot wesentlich mehr Transportvolumen als die 6-x-6-Ausführung. Die geschweißte Panzerwanne wurde verlängert und bietet nun Platz für 12 Mann in der Grenadierversion und für 6 Mann in der Version Radschützenpanzer, die mit dem Zweimannturm SP30 des Ulan bestückt ist.

Insgesamt dürfte die portugiesische Arme und die portugiesische Marineinfanterie ca. 188 Fahrzeuge erhalten haben, von denen ein Teil in Portugal unter Lizenz hergestellt wurde. Angegeben werden folgende Varianten:

- 105 Stück Mannschaftstransportpanzer mit 12,7-mm-üsMG in Drehringlafette,
- 7 Stück Mannschaftstransportpanzer mit 12,7-mm-üsMG in RWS-Turm,
- 30 Stück Radschützenpanzer mit Turm SP30 und 30-mm-Mauser-Kanone,
- 16 Stück Führungsradpanzer,
- 7 Stück Bergepanzer,
- 8 Stück Sanitätspanzer,

Für die portugiesische Marineinfanterie war der 8-x-8-Pandur II auch als Schwimmpanzer vorgesehen.

- 5 Stück Panzerabwehrpanzer, bewaffnet mit der TOW-Panzerabwehrlenkwaffe,
- 6 Stück Nachrichtenpanzer,
- 4 Stück Aufklärungspanzer.

Ein Kanonenpanzer mit 105-mm-Türmen (Oto Melara und CT-CV von CMI Defense) wurde in Portugal im Santa Margarida Military Camp getestet, aber nicht eingeführt. Für die portugiesische Marineinfanterie sind Schwimmpanzer vorgesehen.

Radpanzer Pandur II für die tschechische Armee

Die tschechische Armee entschied sich für eine stärker gepanzerte Variante der Wanne zur Sicherheit gegen die russische 14,5-x-114-Munition. Es wurde auch eine passive Zusatzpanzerung der israelischen Firma RAFAEL angebracht. Der Wannenboden wurde V-förmig gestaltet, um eine Minenwirkung zu reduzieren. Für denselben Effekt wurde ein Zwischenboden eingezogen und alle Sitze am Wannendach aufgehängt. Die Bewaffnung wurde ausschließlich bei RAFAEL in Israel bestellt. Die Variante Radschützenpanzer ist mit einer verbesserten Version des Turmes RCWS-30 ausgestattet. Die Turmbewaffnung umfasst eine 30-mm-Maschinenkanone ATK MK 44, dazu optional zwei Abschussvorrichtungen für die RAFAEL-Panzerabwehrlenkwaffe SPIKE, ein 7,62-mm-koaxiales-MG M240 und zwei Viererrohre einer 76-mm-Wegmann-Nebelwurfanlage. Der Turm verfügt über zwei neue CCD/IR-Kameras mit Laser-Entfernungsmessern und -Zielmarkierern im 360°-Bereich. Das Beschaffungsprogramm der tschechischen Armee sah folgende Varianten vor:

- 72 Radschützenpanzer KBVP mit dem verbesserten Turm,
- 11 KOT-VOV Führungspanzer,
- 8 KBV-Pz Aufklärungspanzer mit Gefechtsfeldradar und
- 8 KBV-Aufklärungspanzer ohne Gefechtsfeldradar,
- 4 KOT-Zdr Sanitätspanzer und
- 4 KOT-Ž Pionierpanzer.

Die Tschechische Republik hat einen Vertrag mit General Dynamics Land Systems abgeschlossen, welcher die Produktion und Vermarktung der Pandur-II-Radpanzer in Asien und Mittel- und Osteuropa erlaubt. Es wurde im November 2016 ein Vertrag zur Lieferung einer unbekannten Zahl von Pandur-II-Radpanzern mit Indonesien abgeschlossen.

4.7.3 PANDUR 6 X 6 EVO

Das österreichische Bundesheer plante 2017 eine Erweiterung der Pandur-Flotte, und es wurden 96 Mannschaftstransportpanzer, 22 Sanitätspanzer und 10 Führungspanzer bestellt. Voerst sollte das 6-x-6-Fahrgestell beibehalten werden, wenn auch mit der Option, dies später durch eine schwerere Fahrzeugvariante mit 8-x-8-Fahrgestell ausweiten zu können. Der Pandur 6 x 6 EVO basiert auf dem vorhandenen Modell des Pandur I, sollte aber mit evolutionären Schritten besonders beim Schutz verbessert werden. Demgemäß wurden der Minenschutz, der ABC-Schutz und das Rundumsicht- und Beobachtungssystem erweitert. Statt einer geteilten Hecktüre ist nun eine absenkbare Rampe eingebaut. Als erste Lieferung wurden 34 Mannschaftstransportpanzer bei den European Land Systems Steyr zur Lieferung im Jahre 2019 bestellt. Vom 8-x-8-Pandur II, wie er in Tschechien und Portugal läuft, wurde der stärkere Cummins-Motor mit 455 PS übernommen, der auf ein automatisches Getriebe ZF ECOMAT 6 HP 602S Plus wirkt, woraus sich eine sehr interessante Leistungsdichte von 24,5 PS/t errechnet.

Radpanzer Pandur 6 x 6 EVO.

Radpanzer Pandur 6 x 6 EVO	
Kurzbezeichnung	MTPZ
Herstellerland	Österreich
Hersteller	General Dynamics European Land Systems – Steyr in Wien
Gefechtsgewicht (kg)	18.600
L/B/H (mm)	7.350/2.600/2.200
Spurweite (mm)	2.148 (1. und 2. Achse), 2.155 (3. Achse)
Reifendimension	12,5-R20 mit Notlaufeigenschaft
Motor	8,9-l-Cummins-Diesel ISLc 450
Leistung (PS/min^{-1})	455/2.200
Leistungsdichte (PS/t)	25
Höchstgeschw. (km/h)	118 (Straße)
Reichweite (km)	750 (Straße)
Steigfähigkeit (%)	70
Kletterfähigkeit (mm)	500
Überschreitfähigkeit (mm)	2.500
Watfähigkeit (mm)	1.200
Besatzung	2 +8 Mann (Grenadier-Variante)
Bewaffnung	Turm WS4 Panther von ESL AIT mit Waffenstabilisierung, Wärmebildkamera, Laser-E-Messer, Suchscheinwerfer, Rückfahrkamera; Nebelwurfanlage Wegmann
Baujahre	ab 2024

Angesichts des Überfalls Russlands auf die Ukraine sah sich Österreich – wie viele andere Länder Europas auch – gezwungen, die Landesverteidigung völlig neu auszurichten. Militärische Verteidigung erlangte wieder erste Priorität. Um die jahrelange finanzielle Unterdotierung des Bundesheeres auszugleichen, wurde 2023 eine kräftige Anhebung des Heeresbudgets beschlossen, in deren Rahmen die Nachbeschaffung von 225 Pandur EVO in verschiedenen Varianten geplant ist, die weiter überarbeitet wurden. Der Minenschutz wurde nochmals verbessert, sodass das Fahrzeug gegen Minen mit 8 kg TNT sicher ist. Der Panzer wurde schwerer, aber dank des 8,9-Liter-Cummins-Motors ist die Höchstgeschwindigkeit auf der Straße weiterhin 118 km/h und im Gelände 82 km/h.

Pandur Flugabwehrpanzer Skyranger

2024 wurden bei Rheinmetall 36 Türme für einen neuen Flugabwehrpanzer zur Montage auf den 6-x-6-Pandur EVO bestellt. Der Turm wiegt ca. 3000 kg und ist unbemannt. Er wird Teil des umfassenden Sky-Shield Systems, in dem er den Truppenschutz auf kurze Entfernung übernimmt. Dazu verfügt er über eine 30-mm-Maschinenkanone mit 300 Schuss

Sanitätspanzer Pandur.

einer neu entwickelten Ahead-Flugabwehr-Munition, bei der jede Granate über 162 Subprojektile mit 1,24 g Masse verfügt, und außerdem über zwei Mistral-Flugabwehr-Lenkwaffen. Rheinmetall plant Verkäufe dieses Turmes an die deutsche Bundeswehr, die dänische Armee und die ungarische Honved.

Pandur San

Nach dem Ausscheiden aller 4K Panzer aus dem österreichischen Bundesheer stellte sich das Fehlen von Sanitätspanzern als besonderes Problem heraus, weil beim Scharfschießen ein entsprechend bemanntes Sanitätsfahrzeug Vorschrift ist.

Für die dafür benötigten Sanitäts- und Führungsfahrzeuge wurde aus Kostengründen der Weg gewählt, sieben gebrauchte Pandurpanzer von der belgischen Armee anzukaufen und im eigenen Bereich auf sechs Sanitätspanzer und einen Führungspanzer umzurüsten. Mit dem Typ Pandur EVO werden neue San-Panzer angekauft.

»Turm Skyranger« Bildtext: Vorstellung des neuen Turmes Skyranger für den Pandur EVO im Jahr 2024.

5.1 Das 8-mm-Maschinengewehr Modell 07/12, System Schwarzlose

Das MG 07/12 war bis 1918 (in Österreich bis 1938, in Ungarn bis 1945) das Standard-Maschinengewehr der österreichisch-ungarischen Streitkräfte. Das MG war leicht (ca. 17,5 kg ohne Wasser, 22,4 kg mit Wasserfüllung ohne Lafette, mit Lafette 41,4 kg), vom System her ein Rückstoßlader mit mittels eines Kniegelenkverschlusses verzögerter Öffnung und wassergekühltem, aber feststehendem Lauf. Die Munitionszuführung erfolgte mit einem Webgurt zu 250 Schuss mit der Standard-Infanteriepatrone 8x50R M93. Die theoretische Feuergeschwindigkeit betrug 520 Schuss/Minute. Sie wurde mit einem 250 Schuss Gurt nur für etwa eine halbe Minute wirklich erreicht.

Das MG war von dem Deutschen Andreas Wilhelm Schwarzlose in Österreich entwickelt und nach mehrjährigen Versuchen 1907 eingeführt worden. Die Produktionsaufnahme wurde am 8. Januar 1908 von der Technischen Kommission beschlossen und von den Österreichischen Waffenfabriks-Gesellschaft in Steyr übernommen. Bei seiner ersten Verwendung zeigten sich einige konstruktionsbedingte Mängel, die von den Steyr-Waffenwerken behoben wurden. Dabei wurde das Verschlusssystem 1912 neu überarbeitet. Die verbesserte Version wurde unter der Bezeichnung 8-mm-MG Muster 07/12 das Standard-Maschinengewehr der k. u. k Armee. Bei der Infanterie war es mit einem faltbaren Schutzschild aus 7 mm dickem Stahlblech ausgerüstet, der jedoch bei der Kavallerie weggelassen wurde, bei der das MG auf einem Tragtier verlastet war. Es gab eine Variante für den Einbau in Festungen, die ohne Schutzschild und mit einem Befestigungsring um den Kühlmantel für

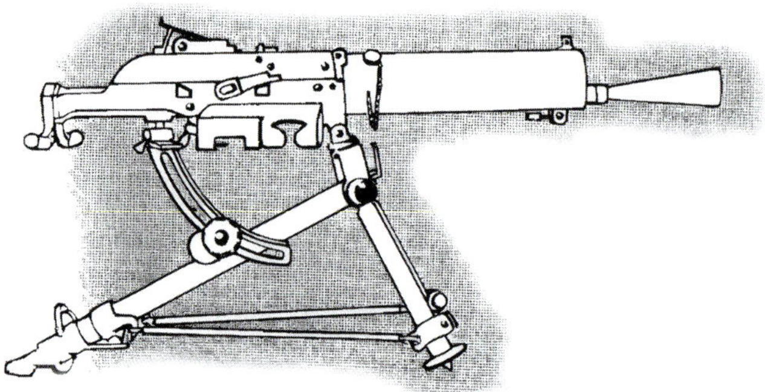

8 mm MG 07/12 Österreich-Ungarn
System Schwarzlose

Abwehrkampf einer MG-Abteilung.

Das 8-mm-MG 07/12 Österreich-Ungarn, System Schwarzlose, im Feldeinsatz.

den Einbau im »bombensicheren Panzerstand« ausgeliefert wurde. 1917 entwickelte man eine luftgekühlte Variante für den Einbau in Flugzeuge mit Motor-Synchronisierung zum Schießen durch den Propeller mit erhöhter Kadenz.

Das MG 07/12 zeichnete sich unter der Voraussetzung, dass die Munition, besonders das verwendete Treibpulver, von gleichmäßiger Qualität war, durch eine außergewöhnlich hohe Zuverlässigkeit aus. Der Verkaufsprospekt der Österreichischen Waffenfabriks-Gesellschaft in Steyr hob 1905 hervor, dass dies im Vergleich zu anderen MG-Systemen auf die Einfachheit der Konstruktion zurückzuführen sei, u. a. die viel geringere Anzahl der Teile und nur einer einzigen Feder im ganzen Gewehrmechanismus. Diese einzige Schrauben-Feder war so überdimensioniert, dass genügend Kraftreserven vorhanden waren, um auch verschmutzte Patronen in den Laderaum drücken zu können. Durch den feststehenden Lauf konnte auf alle Dichtungen und Stopfbüchsen verzichtet werden, die bei den Maxim- und Revelli-Maschinengewehren das Ausfließen des Kühlwassers um den beweglichen Lauf verhinderten. Es war auch kein Rückstoßverstärker (wie bei den Maxim-MG) oder eine Gasentnahmebohrung (wie bei den Hotchkiss- oder Browning-MG) nötig.

Durch den feststehenden Lauf vermied man alle Fehler wie zu fest angezogene Stopfbüchsen oder Packungen, Verschmutzung der Dichtungsflächen oder Probleme beim Einfrieren des Kühlwassers. Allerdings war der Lauf, wenn er einmal ausgeschossen war, schwieriger zu wechseln.

Vorzüge des Maschinengewehrs Schwarzlose (weniger Teile)				
System	Masse (kg)	Federn*	Schlossteile	Schrauben, Stifte
Maxim	27,5	14	35	52
Hotchkiss	24	7	28	13
Browning	20	10	35	36
Schwarzlose	17,5	1	11	13
Fiat-Revelli	15	7	ca. 21	nicht feststellbar

* Die Zahl der Federn ist den in TIWK 344 (Öst. Kriegsarchiv/Staatsarchiv) beiliegenden Zeichnungen entnommen

Bei Kriegsbeginn 1914 waren 1582 MG 07/12 vorhanden.

Verbreitung: Im Ersten Weltkrieg neben Österreich-Ungarn in Serbien, Bulgarien, Rumänien und in der Türkei eingeführt.

Im Zweiten Weltkrieg noch bei den Streitkräften von Rumänien, Ungarn, Jugoslawien, Bulgarien, den Niederlanden, Griechenland, Schweden und Polen (als Beutewaffe) in Deutschland und Italien verwendet.

5.2 Kennzeichnung der Kettenfahrzeuge der Fa. Saurer bzw. Steyr-Daimler-Puch

4K	bedeutet das 4. Kettenfahrzeug der Firmengeschichte
V	bedeutet, dass der Motor mit dem Antriebsrad vorne, und
H	dass er hinten eingebaut ist
3H bis 7FA*	ist die Kennziffer des eingebauten Dieselmotors. Die Leistung stieg von

3H	mit 200 PS bei 2.000 U/min auf
4F	mit 200 PS bei 2.400 U/min
3FA	mit 230 PS bei 2.400 U/min
4FA	mit 250 PS bei 2.400 U/min
6FA	mit 300 PS/ bei 2.500 U/min
7FA	mit 320 PS bei 2.400 U/min
9FA	mit 360 PS bei 2.400 U/min

* »A« steht für die Aufladung des Motors mit einem Turbolader, die bei diesen Panzern sehr früh zur Anwendung kam.

Anschließend folgt die Signatur des Kettenfahrzeuges, wie beispielsweise

G1	Grenadierwagen mit 20-mm-Kanone in Drehturm
G2	Grenadierwagen mit 12;7-mm-üsMG in Panzerlafette
SK105A1	mit Drehturm mit 105-mm-Kanone und Hohlladungsgranate OCC
SK105A2	mit Drehturm mit 105-mm-Kanone und flügel-stabilisiertem Hartkerngeschoss
B	Bergepanzer
Pi	Pionierpanzer
Pi1 und Pi2	Schützenpanzer für den Transport einer Pioniergruppe mit Pi-Material
SAN	Sanitätspanzer
FÜ1	Führungspanzer für Brigadekommandanten
FÜ2	Führungspanzer für Bataillonskommandanten
GRW	Granatwerferpanzer

Sämtliche Panzerfahrzeuge erhielten nach der Generalüberholung und Umrüstung auf Automatikgetriebe nur mehr die Bezeichnung A1. Weiteren signifikanten Verbesserungen wurde die Bezeichnung A2 beziehungsweise A3 zugeteilt.

5.3. Literatur

Bundesministerium für Heerwesen, Militärwissenschaftliche Mitteilungen, Wien, 60. Jahrgang, 1929

Hauptner, R., Jung, P.: Panzerzüge und Panzerautos des k. u. k. Heeres 1914–1918. Verlag Stöhr, Wien 2003. In: Österreichische Militärgeschichte, Sonderband 2003 (ÖMG 2003)

Heigl, Fritz: Taschenbuch der Tanks. Nachdruck J. F. Lehmanns Verlag, München, 1973

Kerchnawe, Hugo: Zur Geschichte der Panzerzüge. Militärwiss. Mitteilungen 1929

Oswald, Werner: Kraftfahrzeuge und Panzer der Reichswehr, Wehrmacht und Bundeswehr. Motorbuch Verlag, Stuttgart 1971

Porter, David: Deutsche Panzer im Zweiten Weltkrieg 1939–1945. Wieland Verlag GmbH, Bad Aibling 2023

Sawodny, Wolfgang; Die Panzerzüge des Deutschen Reiches 1904–1945. EK-Verlag, Freiburg 1996

Scheichelbauer, Bernhard: Kampffahrten des k. u. k. Panzerzuges II (Isonzo Tal 1915). Militärwissenschaftliche Mitteilungen 1929, 613

Spielberger, Walter J.: Der Panzerkampfwagen IV und seine Abarten. Motorbuch Verlag, Stuttgart 2019

Spielberger, Walter J.: Kraftfahrzeuge und Panzer des österreichischen Heeres 1896 bis heute. Motorbuch Verlag, Stuttgart, 1976

Tuchmann, Barbara W.: The Guns of August. The Macmillan Company, New York 1962

Urrisk, Rolf M.: Die Panzerfahrzeuge des österreichischen Bundesheeres 1918–1988. Weishaupt Verlag, Graz 1989

Zaloga, Steven J.: Armored Trains. New Vanguard 140, Osprey, Oxford 2008